Dirk Schart | Nathaly Tschanz

Praxishandbuch

Augmented Reality

Dirk Schart | Nathaly Tschanz

Praxishandbuch Augmented Reality

für Marketing, Medien und Public Relations

UVK Verlagsgesellschaft Konstanz · München

Den YouTube®-Kanal zum Buch finden Sie unter augmented-reality-praxis.de

YouTube

Bibliografische Informationen der Deutschen Bibliothek
Die Deutsche Bibliothek verzeichnet diese Publikation in der Deutschen Nationalbibliographie; detaillierte bibliographische Daten sind im Internet über <http://dnb.ddb.de> abrufbar.

ISBN 978-3-86764-602-4

Lektorat: Rainer Berger
Einbandgestaltung: Kai Thomas, Kreativagentur Thomas, Günzburg und Susanne Fuellhaas, Konstanz
Infografik: Christoph Bergleiter, Günzburg
Einbandmotive: fotolia.com – © Mandritoiu, iStockphoto.com – © Prykhodov
Bilder in Abbildungen: © radub85, © pitels, © extrol – fotolia.com
Gestaltung: Claudia Rupp, Stuttgart
Druck und Bindung: cpi – Ebner und Spiegel, Ulm

UVK Verlagsgesellschaft mbH
Schützenstr. 24 · 78462 Konstanz
Tel. 07531-9053-0 · Fax 07531-9053-98
www.uvk.de

Geleitwort

Das Jahr 2015 steht für einige interessante technische Entwicklungen und Ereignisse im Augmented-Reality-Markt und diese werden das Fortschreiten dieser Technologie in den nächsten 12 bis 18 Monaten zu einem guten Teil beeinflussen. Intel sowie Google, Metaio und Qualcomm stellten 2014 jeweils neue imagebasierte Technologien vor, die unserer Meinung nach dabei helfen werden, dass Unternehmen umfassendere AR-Lösungen entwickeln können.

Intel stellte bereits in seiner Keynote auf der Consumer Eletronics Show 2014 die Real-Sense-Lösung vor, die mithilfe einer 3D-Kamera die Umgebung kartiert und somit ein 3D-Modell eines jeden gewünschten Objekts herstellen kann. Dies hat besonders Bedeutung für Unternehmen, die physische Objekte (Produkte) mit digitalen Inhalten verknüpfen möchten.

Das Project Tango Tablet von Google, das im November 2014 vorgestellt wurde, ermöglicht eine 3D-Darstellung auf mobilen Geräten, die Indoor-Positioning und die Erstellung von Lageplänen in Gebäuden erleichtert. Zusammen mit Metaios Edge-based Tracking und Qualcomms Smart Terrain haben diese Lösungen alle ein gemeinsames Thema: die Weiterentwicklung visueller Erfassungstechniken. Eine der größten Herausforderungen bei der Umsetzung von AR-Lösungen ist die Kartierung der realen Welt und die Erschaffung digitaler Inhalte (Augmentierung) und Modelle, was durch den hohen Kosten- und Zeitaufwand bestimmt ist. Die eben genannten Lösungen helfen, diese Barriere zu überwinden, da sie den Prozess der Augmentierung vereinfachen und damit Kosten und Zeit ersparen sollten. Neben der Zeitersparnis können diese Technologien interaktive Elemente beisteuern, z. B. bei digitalen Spielen. Ein Programm könnte Spielern erlauben, reale Objekte in ihrer Umgebung mit einzubeziehen – bei einem Autorennen könnten die Autos mit einem realen Hindernis zusammenstoßen (anstelle durch das Hindernis hindurchzufahren).

Die steigende Bekanntheit von AR-Lösungen bei Endverbrauchern in bestimmten Märkten hat auch die Anwendung als interne Unternehmenslösung vorangetrieben. Die Zahl der Anfragen, die Gartner von seinen Kunden in Bezug auf AR-Lösungen im Unternehmen in den letzten 12 Monaten erhalten hat, ist um ein Vielfaches gestiegen. Industrien und Organisationen, die sich bisher noch nicht für AR interessiert hatten, sehen nun den Mehrwert von AR-Lösungen am Arbeitsplatz. In der Logistik oder im medizinischen Bereich gibt es derzeit sehr interessante Pilotprojekte, die bald in die nächste Phase übergehen. Die Bandbreite der Fragen, die unsere Kunden an uns richten, ist groß. Einige Organisationen beschäftigen sich zum ersten Mal mit diesem Thema und benötigen zunächst einmal einen Marktüberblick über Hersteller und Technologien. Vor Kurzem haben wir mit einem großen deutschen Dienstleistungsunternehmen die Möglichkeiten durchgesprochen, wie Außendienstmitarbeiter mithilfe von AR und Head-mounted Displays ihre Arbeit besser erledigen können. Bei einer Reparaturarbeit oder Wartungsarbeiten werden Informationen des zu wartenden Objekts direkt visuell wahrgenommen. Zusätzlich kann Kommunikation zwischen dem Außendienstmitarbeiter und anderen Kollegen stattfinden, die wiederum einen „virtuellen Blick“ über die Schulter werfen können, auch wenn sie nicht vor Ort sind. Eine Gemeinsamkeit, die wir bei den Anfragen der letzten Monate herausfiltern konnten, ist die Frage nach „Best Practice“ und danach, wie Unternehmen aus der gleichen Branche ein bestimmtes Problem angegangen sind. Dieses Buch wird zur Beantwortung dieser Fragen einen signifikanten Beitrag leisten. 2015 erwarten wir nicht nur von privaten Unternehmen, sondern auch vom öffentlichen Sektor neue AR-Projekte.

Betrachtet man auch die Hardware, die für die Weiterentwicklung des AR-Marktes maßgeblich ist, ist festzustellen, dass die Leistungsfähigkeit bei den Head-mounted Displays noch eine größere Rolle spielt als bei Smartphones und anderen mobilen Geräten. Smartphones haben mittlerweile so leistungsstarke Prozessoren, dass cloudbasierte AR-Anwendungen kein so großes Problem mehr darstellen bzw. sich das in naher Zukunft noch weiter verbessern wird. Head-mounted Displays, die bei speziellen AR-Lösungen zum Einsatz kommen, sind noch weit von hoher Marktdurchdringung und vor allem von einem massenmarkttauglichen Design entfernt. Hinzu kommt die Auflösung (auch bei

Smartphones) lokaler Speicher und Batterien, die ebenfalls Hürden für die nähere Zukunft darstellen. Während der Smartphone-Absatz sich bei 1,2 Milliarden Stück für 2014 befand und Gartner 1,5 Milliarden für 2015 (Gartner Forecast: PCs, Ultramobiles and Mobile Phones, Worldwide, 2012-2019, 1Q15 Update) erwartet, ist für Head-mounted Displays eine verschwindend geringe Absatzmenge zu erwarten. Derzeit erwarten wir, dass sich die Stückzahl von 5 Millionen dieses Jahr auf ca. 50 Millionen Stück im Jahr 2020 steigern wird (Gartner Forecast: Internet of Things, Endpoints and Associated Services, Worldwide, 2014). Derzeit gibt es mehr Head-mounted Displays, die speziell für den Unternehmensbereich gefertigt wurden oder dort zum Einsatz kommen, als beim Endverbraucher.

Der Gartner „Hype Cycle for Mobile Device Technologies 2015", eine Darstellung von Lebenszyklen verschiedener mobiler Technologien, zeigt unsere Sichtweise auf die Zukunft von Augmented Reality. Unserer Ansicht nach wird AR voraussichtlich fünf bis zehn Jahre brauchen, um am „Plateau of Productivity" anzukommen. Dies zeigt, dass noch einige kritische Entwicklungen nötig sind, und vielleicht auch ein Paradigmenwechsel bezüglich des Gebrauchs von Head-mounted Displays, bis AR den Massenmarkt erreicht. Der Nutzen für Unternehmen steht allerdings schon heute außer Frage.

München, im Juli 2015

Annette Zimmermann

Research Director
Consumer Markets & Technology
Gartner Deutschland GmbH
Twitter: @mobileann

SO NUTZEN SIE AUGMENTED REALITY IM BUCH

Ein Buch zum Thema Augmented Reality ohne Augmented Reality – das ist nicht möglich! Es gibt zwar nicht die eine App, mit der wir den gesamten Überblick an AR ins Buch bringen. Wir wollen Ihnen aber zumindest den schnellen Einstieg ermöglichen. Mithilfe von *Wikitude Studio* haben wir ein AR-Projekt angelegt, das einige Inhalte im Buch mit digitalem Content verknüpft. Wie Sie auf die erweiterten Inhalte zugreifen können, zeigt die ausführliche Erklärung.

In Kapitel 2 gibt es zusätzlich zwei AR-Beispiele zum Entdecken – eine Stand-Alone-Mobile-App und ein Printbeispiel. Wer mehr von der erweiterten Realität sehen möchte oder spezifische Anwendungsbeispiele sucht, kann sich gerne bei uns melden.

Laden Sie sich die Wikitude-App für Android (Google Play Store) oder iOS (Apple App Store) herunter.

Öffnen Sie die Wikitude-App auf Ihrem Mobilgerät und geben das Codewort **arcontent** in das Suchfeld der App ein.

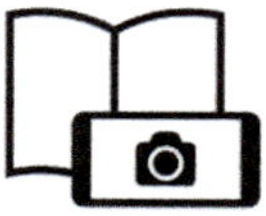

Halten Sie Ihr Mobilgerät auf die mit dem AR-Logo gekennzeichneten Abbildungen. Viel Spaß mit Augmented Reality!

An den Stellen, die mit dem AR-Logo versehen sind, finden Sie AR-Inhalte.

wikitude See more.

Interaktive Umsetzung der Augmented-Reality-Inhalte mit Wikitude Studio und App.

YouTube

Den YouTube®-Kanal zum Buch finden Sie unter augmented-reality-praxis.de

Vorwort

Lebten wir bisher tagtäglich in der „reduzierten Realität"? Diese Frage hat uns kürzlich ein Teilnehmer bei einem Vortrag gestellt. Kein abwegiger Gedanke, denn tatsächlich: Durch Augmented Reality, Virtual Reality und New Realities stehen wir am Anfang der Eroberung neuer Welten – mit Datenbrillen, Smartwatches und Gesture Controller als neuen Interfaces. Waren bis jetzt iPhone und iPad unsere Begleiter, so sind es bald Google Glass, Microsoft Hololens und Samsungs Gear VR. Was vor Kurzem nur in Science-Fiction-Streifen zu sehen war, hat bereits Einzug in unseren Alltag gehalten.

Wer verstehen will, welche neuen Möglichkeiten durch Augmented Reality entstehen, wer darüber entscheiden will, ob sie im eigenen Unternehmen eingesetzt werden soll und welche Herausforderungen und Chancen dabei entstehen, der muss zunächst die Technologie und deren Funktionen verstehen – begreifen, was es bedeutet, Medien und Technologie miteinander zu verschmelzen, um daraus eine neue User Experience zu gestalten. Denn ohne dieses Wissen ist es kaum möglich, zu beurteilen, ob Augmented Reality wirklich das richtige Medium für ein bestimmtes Vorhaben ist.

Da ist er also, dieser sperrige Begriff *Augmented Reality* (abgekürzt AR), der den meisten Menschen nur zögerlich über die Lippen kommt. Umso größer werden die Augen, wenn AR in Aktion tritt – wenn Produkte zum Leben erweckt, digitale Informationen an reale Objekte geheftet werden oder Verborgenes plötzlich sichtbar wird.

Die für Marketing, PR und Medien noch relativ junge Technologie tritt erst langsam ins Bewusstsein von Medienschaffenden und Verantwortlichen der Kommunikationsbranche. Ihre Kenntnisse bezüglich AR sind daher oft gering. Dem möchten wir mit diesem Buch Abhilfe schaffen. Denn gerade für den Kommunikationsbereich eröffnen sich durch AR ganz neue Möglichkeiten für die Erstellung und Vermittlung von Inhalten.

Im Rahmen der Consumer Electronics Show 2015 in Las Vegas wurde Augmented Reality von Paul Nunes und Larry Downes – beides Redakteure des renommierten Forbes-Magazins – als eine der fünf disruptivsten Technologien genannt.[1] Eine jener Innovationen also, die das Potenzial haben, einen ganzen Markt umzukrempeln und neu zu erschaffen.

Facebook-Gründer Mark Zuckerberg wurde zu Beginn des Jahres während eines Vortrags gefragt, wo er Facebook in zehn Jahren sehe. Von den drei Punkten, die er nannte, waren die ersten beiden wenig überraschend: Es wird mehr Menschen im Internet geben und wir werden stärker über Messenger und Fotos kommunizieren. Seine dritte Vorhersage hätte aber so wohl niemand erwartet: Zuckerberg sieht die Zukunft unserer Computernutzung in Augmented Reality.

> „In another 10 to 15 years, you can imagine that there will be another platform, which is even more natural and even more built into our lives than mobile phones. I think it's pretty easy to imagine that in the future we will have something that we can either wear – and it'll look like normal glasses. And you'll just be able to have context with what's going on around you in the world and communicate with people and not have to disrupt your conversations by looking down."[2]

Google arbeitet im Hintergrund bereits an der nächsten Version der Google Glass und denkt überhaupt nicht daran, auf die Brille der Zukunft zu verzichten – auch wenn uns das manche Medien und vermeintliche Experten glauben machen wollen.

Microsoft überrascht während der Vorstellung von Windows 10 in „One more thing"-Apple-Manier mit der Vorstellung der Hololens.[3] Damit war nicht zu rechnen. Gerade Microsoft, ein Unternehmen, das die halbe mobile Revolution verschlafen hat.

Wir verfolgen die Entwicklung von Augmented Reality seit mehreren Jahren. Im deutschsprachigen Raum wirken Aussagen wie die

von Zuckerberg oder der beiden Forbes-Redakteure oftmals wie Hype oder Übertreibung. Wir lassen die Superlative im Buch ganz bewusst weg und bemühen uns um eine möglichst nüchterne Darlegung der Stärken – aber auch Schwächen – der Technologie.
Trotzdem darf man wohl ohne Übertreibung sagen: Wer sich wirklich einmal mit Augmented Reality befasst, realisiert schnell selbst, über welch riesiges Potenzial sie verfügt. Man braucht nur die Reaktionen der Nutzer zu beobachten und spürt die Emotionen und die Faszination, welche die Technologie auslöst. Und dennoch ist vielfach Zurückhaltung oder Skepsis zu spüren. Geringe Expertise, ideenlose Konzepte und wenig leistungsfähige Geräte lieferten vielfach nicht das, was den Unternehmen versprochen wurde.

Google, Samsung, Microsoft (und bald wohl auch Apple, das gerade das Münchener Unternehmen Metaio gekauft hat): Die großen Player bescheren nun Augmented Reality mit ihren Geräten hohe Aufmerksamkeit. Noch bedarf es Verbesserungen und anwenderfreundlicher Konzepte, aber eines ist klar: Die Verschmelzung von Online- und Offlinewelt wird Bestandteil unseres täglichen Lebens werden. Die Frage nach Tablet oder Brille ist dabei zunächst nicht relevant. Dies werden die Anwender und die Use Cases entscheiden. Für den Moment ist wichtig, dass sich die Geräte und ihre Technik – wie Sensoren, Kameras und Displays – weiter verbessern.

Für uns, die wir im Marketing- und Kommunikationsbereich tätig sind, ist neben den heute oder in Zukunft verfügbaren Geräten vor allem eines wichtig: der Content. Denn nicht erst seit dem Höhenflug von Content Marketing haben die Inhalte eine große Bedeutung für Augmented Reality.

In der heutigen Informationsflut und der daraus resultierenden Aufmerksamkeitskonkurrenz der Medien gibt es in Verbindung mit den Inhalten zwei ganz wesentliche Faktoren: Kontext und Relevanz. Gerade die technologisch geprägten Tools wie Augmented Reality können dieses Thema bestens ausspielen. Der Kontextbezug zum Aufenthaltsort der Nutzer, zur aktuellen Aktivität und zu persönlichen Vorlieben und Bedürfnissen lässt eine sehr individuelle und personalisierte Kommunikation zu. Dabei muss der Content immer Relevanz für den Nutzer haben. Wir sprechen deshalb im Buch von *Context Marketing*: interaktive Inhalte zur richtigen Zeit am richtigen Ort für die passende Situation liefern – in Echtzeit.

Das erste Buch über Augmented Reality für Marketing, Medien und Public Relations

Als wir uns die ersten Gedanken zu diesem Projekt gemacht haben, gab es kein Buch, das sich fokussiert mit AR für Marketing, Kommunikation und Medien befasst. Die meisten Werke sind von Informatikern geschrieben und erklären die technische Seite. Da wir beide praktische Erfahrung mit AR haben und selbst beide im Marketing- und Kommunikationsbereich tätig sind, war uns schnell klar: Diese Lücke wollen wir füllen.

Ziel war es, ein Praxisbuch zu schreiben, das einerseits einen Einblick in die Technologie und die Entwicklung von Medien und Marketing gibt, andererseits den Fokus auf erfolgreiche Beispiele und das konkrete Vorgehen bei der Entwicklung von Augmented-Reality-Anwendungen legt. Das Ergebnis: die Grundlagen für ein besseres Verständnis, eine Übersicht der wichtigsten AR-Cases, ein Kapitel mit den 10 Milestones zur AR-App und Live-Demos mit AR – direkt im Buch. Auch das ist eine Premiere: Keines der AR-Bücher auf dem deutschen Markt enthält nämlich selber Augmented-Reality-Inhalte.

Wir legen Wert auf *Lean* und Praxisorientierung. Deshalb ist es ein kompaktes Buch geworden – verständlich und möglichst informativ. Aus diesem Grund haben wir den Umfang des Buchs bewusst überschaubar gehalten. Was die einzelnen Themen oder auch gewünschte Inhalte betrifft, begrüßen wir Feedback sehr und rufen daher unsere Leser auf, sich aktiv an der weiteren Gestaltung des Buchs zu beteiligen. Melden Sie sich einfach!

Doch jetzt ist es erst einmal an der Zeit, die reduzierte Realität zu verlassen und in die Augmented Reality einzutauchen. Viel Spaß beim Lesen und viel Erfolg mit AR!

Die Autoren: Dirk Schart und Nathaly Tschanz

München und Zürich, im Juli 2015

Dirk Schart
E-Mail: dirk.schart@gmail.com | Twitter: @DirkSchart
Nathaly Tschanz
E-Mail: mail@nathaly-tschanz.ch | Twitter: @n_tschanz

Anmerkungen

1 Nunes, Paul/Downes, Larry (2015): *The Five Most Disruptive Innovations At CES 2015.* Abgerufen am 14.02.2015 von http://www.forbes.com/sites/bigbangdisruption/2015/01/09/the-five-most-disruptive-innovations-at-ces-2015/

2 Ferenstein, Gregory (2015): *Zuckerberg's 3 predictions for what social networks will look like in 10 years.* Abgerufen am 18.02.2015 von http://venturebeat.com/2015/01/14/zuckerbergs-3-predictions-for-what-social-networks-will-look-like-in-10-years/

3 Moellenhoff, Stefan (2015): *Microsoft HoloLens: AR-Brille mit integrierter Kinect.* Abgerufen am 20.02.2015 von http://www.techstage.de/news/Microsoft-HoloLens-AR-Brille-mit-integrierter-Kinect-2525442.html

Danke!

Ohne die Unterstützung von diversen Experten wäre es nicht möglich gewesen, das Buch in dieser Form herauszugeben. Als allererstes danken wir Martin Herdina und Andy Gstoll von Wikitude für ihren Support in hektischen Zeiten.

Zudem bedanken wir uns bei allen, die uns auf neue Ideen gebracht, die Kapitel kritisch durchleuchtet, uns mit Material aus ihrem Fundus versorgt oder anderweitig ausgeholfen haben. Vielen Dank an Tim Kessler, Wolfgang Lanzenberger, Diego Montoya, Stefan Göppel, Jan Heitger, Kai Thomas, Christoph Bergleiter, Eric Price, Ivan Sutherland, Marianne Heilig, Eran May-Raz, Daniél Lazo, Philippe Widmer, Annette Zimmermann, Robert Wilde, Phil Nehammer.

Ein Praxishandbuch lebt von Beispielen. Aus diesem Grund möchten wir uns auch bei allen Verantwortlichen der Unternehmen bedanken, die uns ihre Use Cases und Bildmaterial zur Verfügung gestellt haben. Namentlich sind dies: Alex Santos (Holition), Allison Champion (Brew Media/Daqri), Andrew Humbles (Apache Solutions Ltd.), Annett Gläsel-Maslov (Metaio), Christian Radtke (Weser Kurier Mediengruppe), Hannah Fleckenstein (Pepsi), Jane Alexander (Cleveland Museum of Art), Joe Slevin (WDMP), Juli Borzsei (Appshaker), Julia Cramer (Jung von Matt/Spree), Lars Kothes (Kothes! GmbH), Martin Krotki (Appear2Media), Matt Nava (Giant Squid), Nathan Pettyjohn (Aisle411), Nicole Bard (L'Oréal Deutschland), Patrick Arnecke (SRF), Richard Biggs (Blippar), Scot Williams (Quince Imaging), Stephan Gimmi (JEFF Communications GmbH), Matthias Sala (Gbanga), Tobias Wilhelm (Vectorform), Verena Hutter (Mercedes Benz), Walgreens, Total Immersion, Wojtek Borowicz (Estimote Inc.), Rainer Lonau (Augmented Minds), Kerim Ispir (RE'FLEKT GmbH).

Ein großes Dankeschön geht auch an unsere Familien und Freunde – für die aufgebrachte Geduld während der letzten eineinhalb Jahre, in denen wir viel Zeit mit Schreiben, Recherchieren, Lesen und Testen verbracht haben. Nathaly bedankt sich insbesondere bei ihrem Mann Fernando und Dirk bei seiner Frau Ingrid und seinem Sohn Nicolas.

Nicht vergessen möchten wir zudem Rainer Berger und das gesamte Team vom UVK Verlag. Auch ihnen herzlichen Dank für die gute Betreuung und die vielen Ideen.

Inhaltsverzeichnis

Kapitel 1
Was ist AR?

UM DAS GEHT'S!

- Wie funktioniert Augmented Reality?
- Wie könnte eine Definition von AR aus Medien- und Kommunikationssicht lauten?
- Wie wird AR von verwandten Bereichen abgegrenzt bzw. welche Überschneidungen gibt es?
- AR im engeren und weiteren Sinn: Was wird wo angesiedelt?
- Was waren die wichtigsten Meilensteine in der Entwicklung von AR?
- Mit welchen Schwierigkeiten hat die Technologie momentan noch zu kämpfen?
- Welche Anwendungsfelder gibt es für AR?

1. AR – Schnittstelle zwischen realer und digitaler Welt

AR erweitert die reale Umgebung eines Benutzers mit digitalen (teilweise ortsbasierten) Informationen (Text, Bild, Video etc.), interaktiven Elementen oder (3D-)Animationen, welche in reale, durch Kameras bereitgestellte Szenen eingeblendet werden. Vereinfacht erklärt: Wenn Sie beispielsweise die Kamera eines Mobilgerätes auf ein reales Objekt, ein Bild oder einen Marker (→ Kapitel 2, S. 39) richten, erscheinen auf dem Display Zusatzinformationen. Für eine realistische Darstellung werden diese lagegerecht, maßstabsgetreu und in Echtzeit in der realen Umgebung positioniert. Wie in jeder Mobile App können Sie die Objekte bequem per Touchscreen, Gesten oder Sprache steuern und die gewünschten Inhalte aufrufen.

Diese Verbindung zwischen realen Objekten und virtuellen Inhalten liefert dem Benutzer nützliche Zusatzinformationen und Hilfestellungen – und zwar genau da, wo er sie unmittelbar braucht.

Augmented Reality

Bevor wir aber tiefer in die Erklärung von Augmented Reality einsteigen, wollen wir uns zuerst zwei Beispiele anschauen. Denn wer AR verstehen möchte, der sollte sie unbedingt „live" erleben. Selber entdecken ist sozusagen die Basis, um die Möglichkeiten von Augmented Reality zu begreifen und ihre Faszinationskraft zu spüren.

Mit Ihrem Smartphone oder Tablet können Sie zuerst den Monarch Mountain der britischen Fluggesellschaft Monarch Airlines erkunden – ein typisches Anwendungsbeispiel von AR in Verbindung mit Print. Beim zweiten Case handelt es sich um einen virtuellen Make-up-Tester von L'Oréal. Hierbei wird das Gesicht erfasst und quasi „konfiguriert". Beide Beispiele werden in → Kapitel 4 auf S. 95 und 109 noch genauer erklärt. Doch zuerst: Viel Spaß beim Ausprobieren!

Augmented Reality entdecken: MONARCH MOUNTAIN

Abb. 1: AR-Beispielanwendung Monarch Mountain
Quelle: WDMP/Blippar, The Monarch Mountain was reprinted with the permission of WDMP Ltd., Copyright 2015 WDMP Ltd

WIE FUNKTIONIERT'S?

- Laden Sie sich die *Blippar*-App aus dem App Store, aus Google Play oder dem Windows Phone Store herunter.
- Starten Sie die App und halten Ihr Smartdevice auf das abgedruckte Bild. Sie können nun die AR-Inhalte entdecken.

Augmented Reality entdecken: L'ORÉAL MAKE UP GENIUS

Abb. 2: Make Up Genius zur Style-Konfiguration mit Augmented Reality
Quelle: L'Oréal Deutschland

WIE FUNKTIONIERT'S?

- Laden Sie die *Make Up Genius*-App aus dem App Store oder aus Google Play herunter.
- Starten Sie die App und folgen der Anleitung auf dem Bildschirm. Bitte bestätigen Sie den Zugriff auf die Kamera mit „Ja".

Definition

Die heutzutage gängigen Definitionen von AR (eine Standarddefinition existiert bis dato nicht) weisen meist einen technischen Fokus auf – was nicht erstaunt, da der Ursprung der Technologie in der industriellen Sphäre liegt. Zudem sind sie sehr unterschiedlich und teils auch widersprüchlich.

Oftmals wird Augmented Reality dahingehend beschrieben, dass sie die real existierende Welt mit zusätzlichen digitalen Elementen an-

Livestream

reichert. Genau genommen ist das aber nicht ganz korrekt. Denn nicht die „wirkliche Realität" wird angereichert, sondern das Abbild der Umgebung des Benutzers, welches mithilfe von Medien-Technologie erzeugt wurde. Die Anreicherung besteht also eigentlich darin, dass virtuelle Elemente in einen von der Kamera aufgezeichneten Livestream integriert werden, als ob es reale Objekte in der realen Umgebung wären. Augmented Reality beschreibt also eher die Illusion, welche durch die Anwendung der Technologie erzeugt wird.[1]

Die mittlerweile am häufigsten verwendete Definition zu AR stammt von Azuma:

> „AR is about augmenting the real world environment with virtual information by improving people's senses and skills. AR mixes virtual characters with the actual world."[2]

Azumas Definition beschreibt folgende zugrunde liegende Charakteristika:

DEFINITION AUS TECHNISCHER SICHT

- Kombination von virtueller Realität und realer Umwelt mit teilweiser Überlagerung
- Interaktion in Echtzeit
- dreidimensionaler Bezug von virtuellen und realen Objekten

Problematisch an dieser Definition ist, dass sie sich im Wesentlichen auf technische Merkmale konzentriert. So wird AR hauptsächlich von der Entwicklerseite aus betrachtet. Den Anwendungsaspekten der Technologie hingegen wird kaum Rechnung getragen.[3]

Eine Definition von AR mit Fokus auf die Anwenderseite/Kommunikationsaspekte existiert bislang nicht. Deshalb wollen wir im Folgenden den Ansatz einer solchen vorschlagen.

Von der Benutzerseite aus betrachtet, kann AR definiert werden als Realitätswahrnehmung, die mit virtuellen Elementen erweitert wird.[4]

Bei der Analyse von Produktbeschreibungen bekannter AR-Technologiehersteller zeigt sich ein ähnliches Verständnis von AR im Medien- und Kommunikationsbereich: die Verknüpfung der realen Medienumwelt mit digitalen Inhalten. Hierbei wird nicht unterschieden zwischen dreidimensionalen Objekten und anderen Inhalten wie beispielsweise Videos oder Verlinkungen zu Websites.

crossmedial

Kommunikationskanäle

Verweildauer

Ziel dieser crossmedialen Verzahnung von Kommunikationskanälen ist eine stärkere Aktivierung und Emotionalisierung der Rezipienten und – als Folge davon – eine Steigerung der Verweildauer. Denn indem man den Organismus aktiviert, wird dieser mit Energie versorgt und in einen Zustand der Leistungsbereitschaft versetzt. So kann beispielsweise durch eine aktivierende Mediengestaltung die Betrachtungszeit von Medien um nahezu 100 Prozent gesteigert werden.[5]

Zusammengefasst könnte eine Definition von Augmented Reality aus Medien- und Kommunikationssicht also folgendermaßen lauten:

DEFINITION AUS MEDIEN- UND KOMMUNIKATIONSSICHT

Augmented Reality ist die Schnittstelle zur Erweiterung der Realität sowie bestehender Medien mit virtuellen Objekten, digitalen Inhalten und ortsbezogenen Informationen – mit dem Ziel, Interaktion zu schaffen, die Informationsaufnahme zu erleichtern und aktive Wahrnehmung bei gesteigerter Verweildauer zu fördern.

2. AR im engeren und weiteren Sinne

Virtual und Mixed Reality

Realitäts-Virtualitäts-Kontinuum

Um Augmented Reality noch besser zu verstehen, hilft es, sie in Relation mit den verwandten Bereichen Virtual und Mixed Reality zu setzen. Eine interessante Einordnung nimmt Milgram (1994) in seinem Realitäts-Virtualitäts-Kontinuum vor.

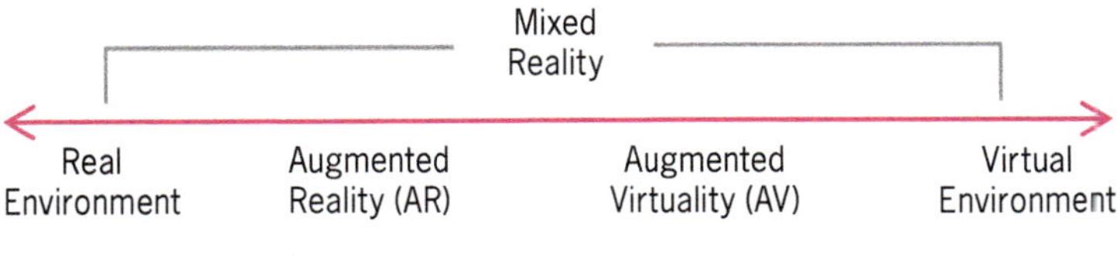

Abb. 3: Realitäts-Virtualitäts-Kontinuum
Quelle: Milgram et al. (1994)

Ein Ende des Kontinuums stellt die vollkommene Realität dar – das sogenannte Real Environment (die reale Realität) – das andere Ende die vollkommene Virtualität, das Virtual Environment. Alles, was sich dazwischen befindet, kann als Mixed Reality bezeichnet werden. Augmented Reality befindet sich also innerhalb der Mixed Reality – einer Kombination aus Realität und Virtualität. Sie ist aber näher bei der Realität anzusiedeln, da nur wenige virtuelle Elemente verwendet werden.[6]

Abb. 4:
Realität – erweiterte Realität – virtuelle Realität
Quelle: Eric Price Graphic Design

Neben dem Einsatz virtueller Elemente und Informationen gibt es weitere Verknüpfungen und Objekte, die vor allem in der Praxis dem Begriff *Augmented Reality* zugeordnet werden. Das bekannteste Beispiel dafür ist der sogenannte QR-Code.

QR-Code

Abb. 5:
QR-Code zum YouTube-Channel *Praxishandbuch Augmented Reality*
Quelle: eigene Darstellung

QR steht für Quick Response (aus dem Englischen übersetzt: „schnelle Antwort") und wurde 1994 von der japanischen Firma Denso Wave entwickelt.[7]

Es handelt sich dabei um einen zweidimensionalen Code, der mithilfe eines speziellen Scanners gelesen werden kann, um die darin enthaltenen Informationen verfügbar zu machen. Wollen Sie Ihr Smartphone als QR-Code-Scanner benutzen, benötigen Sie dafür eine sogenannte Reader- oder Scannersoftware, die man als App (für iOS oder Android) herunterladen kann (beispielsweise *Quick Scan* von iHandy Inc. oder *i-nigma* von 3GVision).

Ein QR-Code „verlinkt" also von einem bestehenden Medium (beispielsweise einer Anzeige in einer Printbroschüre) zu erweiterten Inhalten (Website des Unternehmens, Preistabelle zum Produkt etc.). Allein von seiner Verknüpfungsfunktion her betrachtet, könnte ein QR-Code daher zu Augmented Reality gezählt werden. Jedoch stellen weder der QR-Code selbst noch die Erweiterung bzw. die Verknüpfung mit Inhalten wie Video, Text, Zusatzinformationen oder Website-Verlinkungen virtuelle Objekte dar.[3]

Mehler-Bicher et al. teilen Augmented Reality deshalb in zwei Bereiche auf.

Virtuelle, dreidimensionale Objekte, welche die reale Umwelt überlagern, können zu **Augmented Reality im engeren Sinne** gezählt werden. Zweidimensionale Inhalte ohne Überlagerung mit der Umwelt hingegen sind bei **Augmented Reality im weiteren Sinne** anzusiedeln.[3]

3. Historie

Im Folgenden werden einige der wichtigsten Ereignisse in der Entwicklung von Augmented Reality aufgezeigt. Wo genau damit begonnen werden soll, ist allerdings nicht ganz einfach. Denn in der Literatur gibt es unterschiedliche Auffassungen davon, wann die Entstehung von Augmented Reality anzusetzen ist.

Sensorama

Häufig genannt wird beispielsweise die Entwicklung des Simulators *Sensorama*, der zwischen 1957 und 1962 von Morton Heilig erbaut und zum Patent angemeldet wurde. Heilig war überzeugt, dass Kino unter Einbezug sämtlicher Sinne so weiterentwickelt werden kann, dass der Zuschauer in die Aktion auf dem Bildschirm hineingezogen wird. Diese Vision beschrieb er in *The cinema of the future*.[8]

Der von ihm konzipierte Prototyp setzte dann auch visuelle Effekte, Ton, Geruch und Vibration ein.

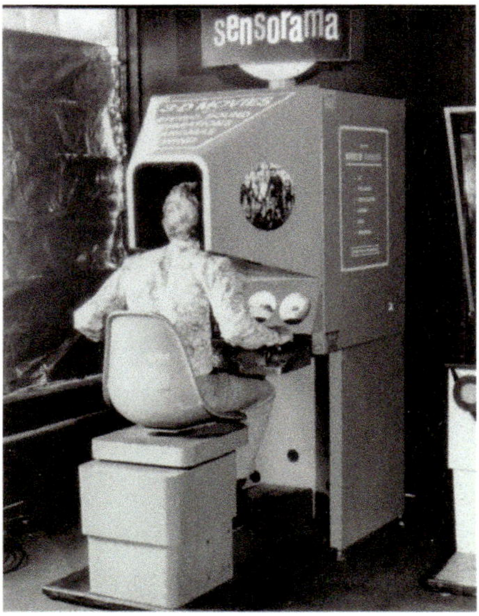

Abb. 6:
Sensorama
Quelle: Morton Heilig

Head-mounted Display
Sword of Damocles

Andere nennen Ivan Sutherlands Papier *The Ultimate Display* aus dem Jahre 1965 und das im Anschluss von ihm entworfene Head-mounted Display als die Entstehung von AR. Das *Sword of Damocles*, wie Sutherland seinen Prototypen nannte, ermöglichte dem Benutzer ein immersives Erleben einer computer-generierten virtuellen 3D-Welt. Allerdings war das Gerät so schwer, dass es zusätzlich an der Raumdecke befestigt werden musste.[9]

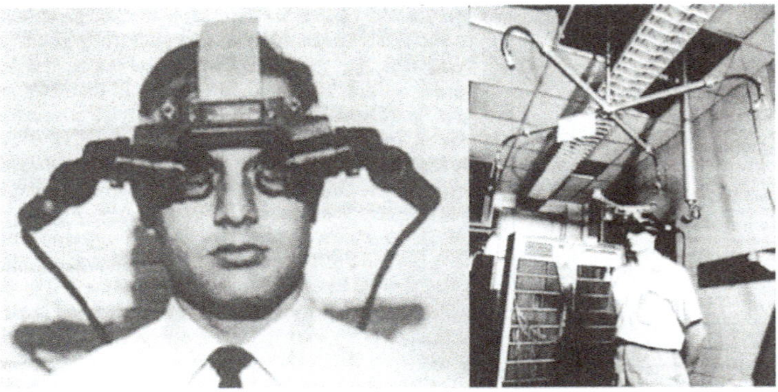

Abb. 7:
The Sword of Damocles
Quelle: Ivan Sutherland (1968)

1975 erschuf Myron Krueger *Videoplace* – ein Raum, in dem der Benutzer zum ersten Mal mit virtuellen Objekten interagieren konnte.[10]

Ab Mitte der 1990er Jahre fand dann eine intensivere Auseinandersetzung mit Augmented Reality statt.

1992 prägten Tom Caudell und David Mizell den Begriff *Augmented Reality*, als sie für Boeing ein System zur Informationsbereitstellung bei Kabelverlegungsarbeiten in Flugzeugen entwickelten.[11] Im selben Jahr entwarf Louis Barry Rosenberg in den U.S. Air Force Armstrong Labs *Virtual Fixtures* – eines der ersten funktionierenden Augmented-Reality-Systeme.[12]

1995 entwickelte Jun Rekimoto einen AR-Prototypen namens *Navi Cam* und trieb die Idee eines 2D-Matrix-Markers weiter voran. Dieser Marker-Typ wurde zu einem der ersten Marker-Systeme, welches der Kamera sechs Freiheitsgrade erlaubte und auch heute noch verwendet wird.[13]

1997 schrieb Ronald Azuma die erste Untersuchung zu AR und entwickelte die heute weit verbreitete Definition von AR (→ Kapitel 1, S. 22).

1999 entwickelte Hirokazu Kato das *ARToolKit* und entließ es in die Open-Source-Gemeinschaft. Mithilfe des Tools war es erstmals möglich, in einem Livestream der realen Umwelt mit virtuellen Objekten zu interagieren. Daraufhin wurden in den folgenden Jahren mehr und mehr AR-Anwendungen entwickelt.

Nachdem AR zuerst vor allem im Technologie- und Industriesektor eingesetzt wurde, hat die Weiterentwicklung der Technik – insbesondere von Mobilgeräten – auch den Einsatz im Kommunikationsbereich beschleunigt.

Inzwischen gibt es mehrere große Technologiefirmen, die Lösungen für den Einsatz von Augmented Reality für Kommunikations- und Marketingzwecke anbieten (→ Kapitel 2, S. 50). Dazu zählen unter anderem das 2003 gegründete Unternehmen Metaio, das im Mai 2015 von Apple aufgekauft wurde. Weitere große Player sind beispielsweise die englische Firma Blippar, zu der auch Layar gehört, oder das französische Unternehmen Total Immersion sowie Wikitude aus Österreich.

4. Mehr echter Mehrwert – weniger „Gimmick“

Momentan stellen der geringe Wissensstand und der dadurch resultierende Erklärungsbedarf der Technologie ein großes Hindernis in Bezug auf Augmented Reality dar. Viele der AR-Experten, mit denen wir während des Verfassens dieses Buches sprachen, beklagten, dass noch viel Aufklärungsarbeit geleistet werden müsse – zum einen bei den Nutzern, zum anderen bei den Unternehmen.

Der Begriff *Augmented Reality* hat immer noch eine sehr technische Ausprägung. Die Menschen haben sich noch nicht an das neue Visualisierungsmedium (denn im Endeffekt ist AR nichts anderes als das) gewöhnt. Man kann also nicht von ihnen erwarten, dass sie automatisch ihr Smartphone oder Tablet zücken und auf irgendeinen Gegenstand richten – in der Erwartung, dass sie dann mit Zusatzinformationen versorgt werden oder sonst einen Nutzen daraus ziehen.

Visualisierung

Nutzen

Die beste AR-App wird nicht genutzt, wenn man den Benutzern nicht erklärt, wo und wie sie diese verwenden sollen. Eine genaue Instruktion ist also zwingend. Und genau da hapert es oft in der Umsetzung.

Im Industriesektor wird Augmented Reality bereits seit Jahren erfolgreich eingesetzt. Die Technologie besitzt dort dementsprechend einen guten Ruf. Das liegt vor allem daran, dass die AR-Anwendungen, welche in der Industrie in der gesamten Wertschöpfungskette (vom Prototypenbau über die Produktion bis zum Aftersales) eingesetzt werden, meist einen klar erkennbaren Nutzen aufweisen.

App
Gimmick
Mehrwert
3D-Model
Konzept

Ein (noch) nicht so positives Image kann AR im Kommunikationsbereich für sich in Anspruch nehmen. Das liegt wohl hauptsächlich daran, dass die Technologie – insbesondere für Marketingzwecke – häufig für Apps verwendet wird, die nur auf einen kurzfristigen Wow-Effekt setzen und deren Macher das Potenzial von AR nicht richtig erkennen. Diese Tendenz behindert die positive Entwicklung von AR. Denn es führt dazu, dass die Technologie gleichgesetzt wird mit „Gimmick" – einem Werbegag ohne konkreten Mehrwert für den Benutzer.

Eine App, die einzig dafür designt wurde, dass bei Gebrauch irgendetwas herauspoppt – beispielsweise ein 3D-Model eines tanzenden Nilpferds – mag bei einem Benutzer, der zum ersten Mal überhaupt mit AR in Berührung kommt, noch Staunen und Begeisterung auslösen. Aber mittlerweile gibt es schon zu viele solcher Anwendungen, als dass man als Unternehmen allein noch auf den besagten Wow-Effekt setzen könnte.

Wenn die Anwendung dann auch noch schlecht gemacht ist – nicht richtig funktioniert, ständig abstürzt und die Inhalte nicht ansprechend oder „billig" rüberkommen – dann probiert der Nutzer die App einmal aus und wird sich enttäuscht eine negative Meinung bilden. Dadurch besteht die Gefahr, dass die gesamte Technologie in Misskredit gerät.

Ohne ein Konzept und „gute" Inhalte geht es – wie bei jedem Medium – auch bei Augmented Reality nicht. Glücklicherweise scheinen das auch mehr und mehr Unternehmen zu realisieren und es findet langsam ein Umdenken statt.

Um das wahre Potenzial von Augmented Reality auszuschöpfen, sollte man sich mit den Stärken und Schwächen der Technologie auseinandersetzen und wissen, worauf man beim Einsatz achten muss (→ Kapitel 5, S. 122).

5. Augmented Reality – Anwendungsfelder

In den letzten Jahren ist Augmented Reality aus den Untersuchungslabors auf den Markt gewandert. Mittlerweile finden sich AR-Anwendungen in sehr vielen Wirtschaftszweigen (→ Abb. 8). Im Folgenden wollen wir einen kurzen Einblick in die Einsatzmöglichkeiten in verschiedenen Branchen geben. Da der Fokus dieses Buches auf Augmented Reality im Marketing-, Medien- und Kommunikationsbereich liegt, werden wir im → Kapitel 4 auf S. 75 diesen Sektor dann vertieft betrachten.

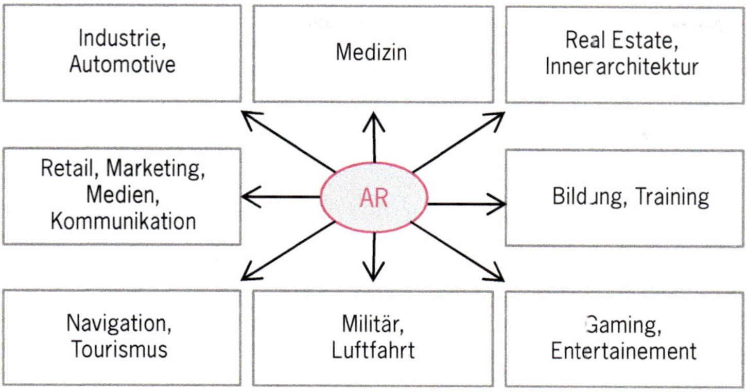

Abb. 8: Augmented Reality Anwendungsfelder
Quelle: Eigene Darstellung

Industrie und Automotive

In der Industrie wird AR seit Langem in unterschiedlichen Feldern eingesetzt. Dazu gehören unter anderem die Bereiche Reparatur und Wartung, Konstruktion, Forschung und Anlagenbau. Insbesondere bei trainingsintensiven Arbeiten wie in der Flugzeug- oder Prozessindustrie können Mitarbeiter zudem mittels AR-Technologie geschult werden.

Lange Stillstandzeiten von Produktionsanlagen etc. produzieren hohe Kosten. Daher nimmt die schnelle und genaue Lokalisierung und Beseitigung von Fehlerquellen einen hohen Stellenwert ein. Gerade hier zeigen sich die Vorteile von AR besonders deutlich.

Für viele Arbeiten ist es nämlich nötig, dass Techniker und Maschinisten möglichst frei über ihre Hände verfügen können. Das ständige Herumblättern in irgendwelchen Handbüchern und Gebrauchsanleitungen erweist sich daher als äußerst unpraktisch. AR in Verbindung mit einem Head-mounted Display (z.B. einer Datenbrille) ermöglicht es, dem Techniker Bau-, Lage- oder Schaltpläne, Wartungsanweisungen etc. bereitzustellen – wann und wo er sie braucht. Interagiert wird über Sprache oder via Gestik, die Hände bleiben also frei.

Wie in anderen Bereichen (Plattformtechnologie, modulare Bauweise etc.) nimmt die Automobilindustrie mit ihren vielen Facetten (zusammengefasst unter dem Begriff *Automotive*) auch bei Augmented Reality eine Vorreiterrolle ein.

Anwendungen

Während Marketing und Kommunikation ihre Anwendungen veröffentlichen und sie zur Markenkommunikation nutzen, bleiben spannende und innovative Anwendungen im Automobilsektor vielfach unter Verschluss, da man sich den Entwicklungsvorsprung nicht nehmen lassen will. Öffnen sich aber die AR-Schatztruhen der Hersteller, werden die Mehrwerte von AR offensichtlich.

Zum einen: Prototypen zu bauen, kann sehr teuer werden. Oftmals fließen vor der Kommerzialisierung große Summen an Geld und Zeit in die Herstellung eines Produktes. Durch AR-Technologie können diese Kosten deutlich gesenkt werden, indem sie Ingenieuren dabei hilft, das Design und die Funktionsweise eines Produktes bereits vor der Fertigstellung zu erleben. So können verschiedene Formen, Designs, Farben etc. verändert werden, ohne jeweils ein neues Modell anfertigen zu müssen. Durch AR erhalten die Ingenieure also ein äußerst praktisches Tool zur Visualisierung ihrer Entwicklungen.

Bei der manuellen Fertigung unterstützt AR ebenfalls. So zeigen millimetergenau positionierte Einblendungen dem Mitarbeiter die nächsten Arbeitsschritte und vermeiden fehlerhafte Platzierungen und damit unnötigen Ausschuss.

Aber auch bei der Produktions- und Anlagenplanung wird AR häufig eingesetzt, da sich Maschinen lagegerecht in die reale Umgebung einblenden und Materialflüsse simulieren lassen.

Eine weitere Anwendungsmöglichkeit stellen interaktive Gebrauchsanleitungen dar. Denn welcher Autofahrer sucht schon gerne lang im Handbuch, um Fehler oder Funktionen seines Autos zu identifizieren? Augmented Reality verhilft hier zu einer schnellen Informationsaufnahme mit einer verständlichen und animierten Bilderklärung.

Medizin

Der Medizinbereich ist sicher eines der wichtigsten und zukunftsträchtigsten AR-Anwendungsfelder. Denn Computer sind mittlerweile fester Bestandteil von Operationssälen und nicht mehr aus ihnen wegzudenken.

Medical-Augmented-Reality-Systeme werden in verschiedenen Bereichen eingesetzt: bei der Ausbildung von medizinischem Personal, der OP-Planung (Visualisierung) oder während der Operation selber (insbesondere bei minimal-invasiven Eingriffen).

Mithilfe von Simulatoren können beispielsweise Medizinstudenten in einem realistischen AR-Operationsraum praktische Übung erlangen und Feedback dazu erhalten – ohne dabei reale Patienten zu gefährden.

Die Einblendung grafischer Scans und Hilfestellungen ins Blickfeld des Chirurgen ermöglicht es diesem, seinen Blick während des Eingriffes permanent auf den Patienten zu richten, anstatt zwischendurch auf einen Monitor schauen zu müssen.

Aber auch außerhalb des Operationssaals finden sich interessante Einsatzmöglichkeiten. Bereits wurden Versuchsreihen durchgeführt, um mittels Augmented Reality Psychosen oder Phobien (Claustrophobie, Acrophobie etc.) zu behandeln. So wurde beispielsweise ein AR-System für die Behandlung einer Spinnen- und Küchenschabenphobie entwickelt. Die Erfolge waren faszinierend. Nach einer nur 60-minütigen Session mit dem System konnten die Versuchspersonen mit realen Insekten interagieren und diese selber töten.[14]

Real Estate und Innenarchitektur

Im Architektur-/Innenarchitekturbereich besteht oft das Bedürfnis, den Kunden einen Eindruck des geplanten Bau- oder Umbauprojektes zu vermitteln. Mittlerweile erfolgt dies oft mittels 3D-Präsentationen. Kombiniert man das nun mit Augmented Reality, wird eine Visualisierung für den Kunden noch besser nachvollziehbar. Z. B. kann das virtuelle Haus bereits in die reale Umgebung eingeblendet werden, damit der Kunde sieht, wie seine Immobilie auf dem Grundstück und in Bezug zu den Nachbarhäusern wirkt.

Auch die Papier-Exposés in der Immobilienbranche werden immer öfter durch AR-Anwendungen abgelöst, beziehungsweise dienen als Grundlage für solche (vgl. Anwendungsbespiel NuOffice → Kapitel 4, S. 97). Indem die Marker in der Broschüre mit dem Tablet oder dem Smartphone gescannt werden, ist es beispielsweise möglich, 3D-Visualisierungen einer Immobilie zu betrachten, Räume aus verschiedenen Perspektiven zu erleben etc.

Bildung und Training

AR kann für Bildungszwecke sehr interessant sein, weil virtuelle Lerninhalte mit der Realität in Verbindung gesetzt und sinnhaft wahrgenommen werden können. Durch den Einsatz von AR erhält Lernen also eine neue Dimension.

In diesem Zusammenhang wird häufig der Begriff *discovery learning* (entdeckendes Lernen) verwendet.[15]

Portable AR-Systeme ermöglichen es, Liveerlebnisse mit (anfragebasiertem) Lernen zu verbinden. So können z. B. Besucher von Galerien, Museen oder historischen Plätzen diese mithilfe von AR- Anwendungen ganz anders entdecken – indem sie zu Exponaten oder der Lokalität spannende Hintergrundinformationen in Form digitaler Inhalte wie Video- oder Audiobeiträge, Infografiken etc. abrufen können (vgl. Anwendungsbeispiel Gallery One → Kapitel 4, S. 115).

Aber auch im Unterricht selber bietet AR neue, spannende Möglichkeiten. Denn wer sich ein wenig mit Lernpsychologie befasst hat, weiß: Was selber erlebt wird, prägt sich besser ein. Ein aktives Auseinandersetzen mit Lerninhalten, das gleichzeitig Spaß macht – durch AR wird es möglich. Allerdings befinden wir uns hier noch auf weitestgehend unentdecktem Terrain (→ Kapitel 4, S. 103). Es gibt zwar bereits einige interessante Ansätze in diesem Bereich, das Potenzial ist aber bei Weitem noch nicht ausgeschöpft.

Gaming und Entertainment

Im Gaming-Bereich eröffnet AR (insbesondere mobile Anwendungen) neue Möglichkeiten, da Grenzen herkömmlicher Computerspiele überwunden werden können. Denn im Gegensatz zu Letzteren sind mobile AR-Games nicht auf den Bildschirm begrenzt.[16]

Reale Orte und Objekte können durch den Einsatz von Augmented Reality in das Game miteinbezogen und den Spielern eine reichere User Experience geboten werden.

Dadurch, dass Mobilgeräte der neueren Generation über eine Kamera und verschiedene integrierte Sensoren verfügen, bringen sie bereits gute Voraussetzungen für den Einsatz bei AR-Games mit. Kein Wunder also, dass in diesem Bereich bereits zahlreiche Anwendungen auf dem Markt sind (vgl. Bonus-Case Mixed-Reality-Schnitzeljagd → Kapitel 8, S. 179).

Was Spiele für den PC angeht, besteht hier allerdings noch Entwicklungsbedarf. Vielfach sind die Spielkonzepte nicht ausgereift und es wird zu wenig „out of the box“ gedacht. Es reicht einfach nicht aus, ein herkömmliches Computerspiel zu nehmen und für den AR-Einsatz adaptieren zu wollen.

In der Unterhaltungsindustrie wird Augmented Reality bereits seit Langem bei TV-Übertragungen eingesetzt. So werden bei Fußballübertragungen Bewegungsabläufe oder Spielzüge als bewegte Linien dargestellt, um beispielsweise die Laufwege der Spieler zu verdeutlichen, beim Skispringen die aktuelle Bestweite als Linie einzublenden etc. Zudem setzen einige TV-Sender AR auch für Studioübertragungen ein. Neben dem Moderator werden virtuelle Elemente eingeblendet, um komplexe Sachverhalte oder Größenverhältnisse usw. zu visualisieren (vgl. ECO-Case → Kapitel 4, S. 81).

Militär und Luftfahrt

Im militärischen Bereich stieß der Einsatz von Augmented Reality schon früh auf großes Interesse. Denn dadurch kann zum einen Material eingespart, zum anderen die Risiken für Soldaten reduziert werden. Head-up und Helmet-mounted (am Helm fixierte) Displays werden bereits seit vielen Jahren eingesetzt. Insbesondere die Entwicklung von HMDs (von Sutherland initiiert → Kapitel 1, S. 26) wurde maßgeblich von internationalen Militäreinrichtungen vorangetrieben und weiterentwickelt.

Head-mounted Displays

AR wird sowohl bei Simulationssystemen von Trainingseinheiten eingesetzt, um kostenschonend realitätsnahe Übungen zu absolvieren, als auch zur Unterstützung beim realen Kampfeinsatz. Ein Beispiel sind hier Informationssysteme in Verbindung mit Head-up Displays, welche in Kampfjets und Hubschraubern eine erweiterte Sicht ermöglichen.

Ins Sichtfeld des Piloten werden neben der realen Umgebung zusätzliche Informationen (Radarinformationen, künstliche Horizontlinien, Flugzeugzustandsmeldungen, Messwerte beim Kampfeinsatz etc.) eingeblendet und so verhindert, dass dieser seinen Blick während eines Manövers abwenden muss.

Das gleiche Prinzip weist auch in der zivilen und privaten Luftfahrt großes Potenzial auf. Denn durch die erweiterte Darstellung von Informationen mittels AR-Systemen kann – insbesondere bei schlechter Witterung und Sicht – die Sicherheit und Effizienz von Piloten maßgeblich gesteigert werden. Im Gegensatz zur militärischen Luftfahrt besteht hier aber noch Entwicklungsbedarf. HUD-Systeme werden zurzeit erst vereinzelt bei Passagierflugzeugen eingesetzt.

Head-up Display

Tourismus und Navigation

Nicht nur in der Luftfahrt, sondern auch im Straßenverkehr und in der Schifffahrt kann Augmented Reality die Effizienz von Navigationsgeräten steigern und wird dort bereits eingesetzt. So können Informationen wie Richtungsangaben, Geschwindigkeit, Gefahrenmeldungen etc. mittels HUD-Systemen direkt auf die Windschutzscheibe von Autos oder Schiffen projiziert werden.

Ein interessantes Feld stellen auch Mischformen von Navigations- und Tourismusanwendungen dar. Ob digitaler Stadtführer, mit dem sich Touristen Zusatzinformationen zu besonderen Plätzen oder Sehenswürdigkeiten auf dem Smartphone einblenden lassen können (z. B. der AR-Browser von Wikitude), oder Anwendungen, die einen bequem

AR-Browser

zur nächsten U-Bahn-Station navigieren – in den letzten Jahren ist hier eine kaum überschaubare Fülle von interessanten Anwendungen entstanden. Und in Zukunft werden wir hier sicher noch viel mehr sehen, denn durch den gegenwärtigen Entwicklungsschub bei den Datenbrillen ergeben sich noch einmal ganz neue Möglichkeiten. Ein Beispiel dafür ist die Google Glass, auf die wir in → Kapitel 2 auf S. 48 noch genauer eingehen.

Google Glass

Insbesondere im Bereich Rekonstruktion von historischen Stätten sind künftig äußerst spannende Anwendungen denkbar. Denn besucht man heute beispielsweise das Kolosseum in Rom, einen zerfallenen griechischen Tempel in Athen oder mittelalterliche Ruinen in Schottland, bekommt man an der Kasse meist nur einen verstaubten Audioguide angeboten. Langweilige und öde vorgetragene Monologe wecken aber keine Begeisterung für jahrhundertealte Bauten und Stätten. Was aber, wenn Besucher – mit irgendeiner Form von HDMs ausgerüstet – künftig sehen, hören und vielleicht sogar riechen könnten, wie sich das Leben damals abgespielt hat?

LESETIPPS

- Azuma, Ronald T. (1997): *A survey of Augmented Reality.* In: Presence: Teleoperators and Virtual Environments Bd. 6
- Mehler-Bicher, Anett/Reiß, Michael/Steiger, Lothar (2011): *Augmented Reality: Theorie und Praxis.* Oldenbourg Verlag
- Milgram, Paul/Takemura, Haruo/Utsumi, Akira u. a. (1994): *Augmented Reality: A class of displays on the reality-virtuality continuum.* In: Telemanipulator and Telepresence Technologies. ATR Communication Systems Research Laboratories

Anmerkungen

1 Blanken, Malte (2011): *Mobile Augmented Reality: neue Möglichkeiten im Bereich der visuellen Kommunikation.* Hochschule Osnabrück

2 Azuma, Ronald T. (1997): *A survey of Augmented Reality.* In: Presence: Teleoperators and Virtual Environments Bd. 6, Nr. 4

3 Mehler-Bicher, Anett/Reiß, Michael/Steiger, Lothar (2011): *Augmented Reality: Theorie und Praxis.* Oldenbourg Verlag

4 Kretzschmar, Oliver (2012): *Treiber und Trends bei der IT-Unterstützung crossmedialer Konzepte.* Abgerufen am 12.02.2015 von http://www.hdm-stuttgart.de/science/medien_technik/view_beitrag?science_beitrag_ID=138

5 Kroeber-Riel, Werner/Esch, Franz-Rudolf (2011): *Strategie und Technik der Werbung. Verhaltenswissenschaftliche und neurowissenschaftliche Erkenntnisse.* 7. vollständig überarbeitete Auflage, Kohlhammer Verlag, Stuttgart

6 Milgram, Paul/Takemura, Haruo/Utsumi, Akira u.a. (1994): *Augmented Reality: A class of displays on the reality-virtuality continuum.* In: Telemanipulator and Telepresence Technologies. Kyoto: ATR Communication Systems Research Laboratories

7 qrcode.com (2010): Abgerufen am 17.03.2015 von http://www.qrcode.com/en/history/

8 Heilig, Morton (1992): *El cine del futuro: The cinema of the future.* Espacios, nachgedruckt in Presence: Teleoperators and Virtual Environments, Bd. 1

9 Sutherland, Ivan E. (1968): *A head-mounted three-dimensional display.* Proceedings of the AFIPS Fall Joint Computer Conference (FJCC' 68)

10 Furth, Burko/Julie Carmigniani (2011): *Augmented Reality. An overview.* In: Handbook of Augmented Reality. Springer Science and Business Media, Heidelberg

11 Caudell, Tom/Mizell, David (1992): *Augmented Reality: An Application of Heads-Up Display Technology to Manual Manufacturing Processes*, Proceedings of 1992 IEEE Hawaii International Conference on Systems Science

12 Rosenberg, Louis Berry (1992): *The Use of Virtual Fixtures As Perceptual Overlays to Enhance Operator Performance in Remote Environments.* Technical Report AL-TR-0089. USAF Armstrong Laboratory. Wright-Patterson AFB OH

13 Rekimoto, Jun (1995): *A Magnifying Glass Approach to Augmented Reality Systems.* Abgerufen am 30.01.2015 von http://citeseerx.ist.psu.edu/viewdoc/download?doi=10.1.1.50.5835&rep=rep1&type=pdf

14 Juan, Carmen/Alcaniz, Maraino/Monserrat, Carlos/Botella, Christina/Banos, Rosa/Guerrero, Belen (2005): *Using Augmented Reality to Treat Phobias*, erschienen in: Journal IEEE Computer Graphics and Applications archive, Vol. 25, No. 6

15 Su, Chuan-Jun/Yeh Tzu-Ning/Yang Yu-Ming: *Ontology-based Mobile Augmented Reality für Personalised U-Campus*, Proceedings of the Asia Pacific Industrial Engineering & Management Systems conference 2012. Abgerufen am 19.1.2015 http://www.google.de/url?sa=t&rct=j&q=&esr

c=s&source=web&cd=1&ved=0CCYQFjAA&url=http%3A%2F%2Fapiems.net%2Fconf2012%2FT5F2.pdf&ei=fbzLVOyqMMX7Uv2qgagB&usg=AFQjCNEl7ZsF3nosdmvoWQCLT-iqS3gfww&sig2=KtK0_Sqw_MXV_mzUKRd2IA

16 Wetzel, Richard/Blum, Lisa/Broll, Wolfgang/Oppermann (2011): *Designing Mobile Augmented Reality Games.* In: Furth, Burko (2011): Handbook of Augmented Reality. Heidelberg, Springer Science and Business Media

Kapitel 2
Wie funktioniert AR?

UM DAS GEHT'S!

- Aus welchen Komponenten besteht ein AR-System?
- Visuelles und nicht-visuelles Tracking: Was steckt dahinter?
- Sensor Fusion: Wie lassen sich Sensoren in Mobilgeräten kombinieren?
- Von Smartphones bis Google Glass: Welche Anzeigegeräte gibt es für den Einsatz von AR?
- AR-App und AR-Browser: Was ist der Unterschied?
- Wie lassen sich AR-Inhalte herstellen?

Visuelles Tracking
nicht-visuelles Tracking

1. Komponenten von AR-Systemen

Ein Augmented-Reality-System besteht im Wesentlichen aus folgenden Komponenten[1]:

- Hardware: Kamera und Sensoren eines Mobilgeräts oder einer Datenbrille (beim stationären Rechner oder integrierten Display die integrierte oder separate Kamera)
- Tracking-Software und Renderer für die Berechnung und Anzeige der korrekten Überlagerung sowie als Szenengenerator
- Anzeigegerät (z. B. ein Monitor, Display, HMD), auf dem die virtuellen Objekte eingeblendet werden

Hardware
Datenbrille
Display
Tracking-Software
Anzeigegerät

Und so funktioniert das Zusammenspiel der einzelnen Komponenten: Die reale Umgebung wird (an einem stationären Rechner oder auf einem Mobilgerät) von einer Kamera erfasst, welche einen Videostream aufnimmt. Eine spezielle Software muss nun erkennen, welche Funktion ausgeführt werden soll. Dazu müssen die Position und die Lage/Orientierung der Kamera und realer Objekte im dreidimensiona-

Software

len Raum möglichst genau bestimmt und digital aufbereitet werden, damit die virtuellen Elemente an der richtigen Stelle eingeblendet werden. Diesen Vorgang bezeichnet man als *Tracking*, der aus der Initialisierung der vorab definierten Marker/Objekte und der weiteren Verfolgung bzw. Erkennung besteht. Nun müssen die künstlichen virtuellen Inhalte korrekt in die Realität eingepasst und dafür gesorgt werden, dass diese dort fest verortet erscheinen. Dieser Prozess nennt sich *Registrierung* (oder genauer *geometrische Registrierung*).[2]

Auf Basis der beim Tracking ermittelten Positions- und Lageschätzung werden hierfür das Koordinatensystem einzelner virtueller Inhalte und jenes der Realität miteinander in Beziehung gesetzt. Ist das erfolgt, werden die virtuellen Objekte (oder die Verknüpfung digitaler Inhalte) aktiviert, welche nun den Videostream perspektivisch korrekt überlagern und auf dem Display des Ausgabegeräts (z.B. ein Smartphone) angezeigt werden.[2]

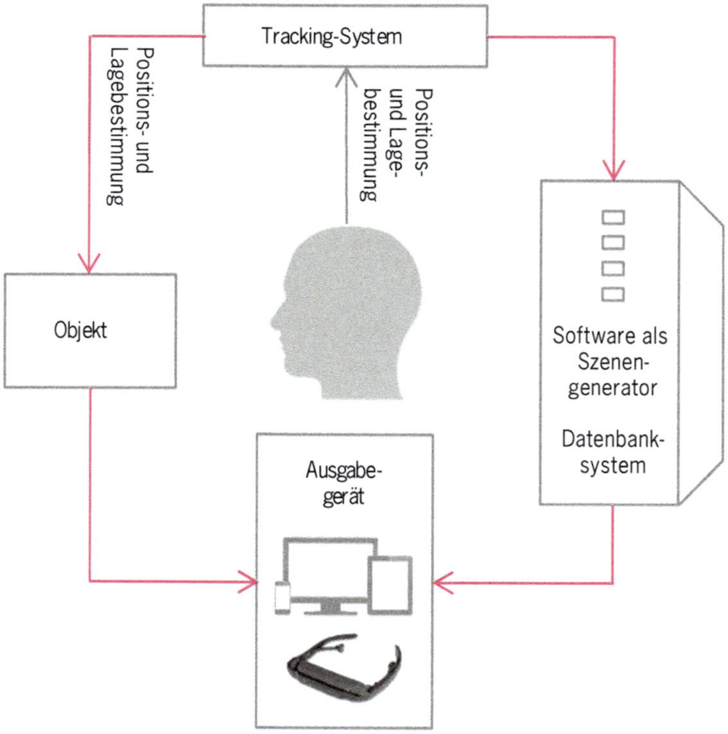

Abb. 9:
Komponenten eines AR-Systems
Quelle: Eigene Darstellung in Anlehnung an Schilling (2007)[3]

Heutige Tracking-Systeme basieren auf unterschiedlichsten Techniken und können grundsätzlich in visuelle und nichtvisuelle Tracking-Verfahren unterteilt werden.[4] Beide werden wir in den folgenden Unterkapiteln noch genauer betrachten.

Initialisierung

Eine schnelle Initialisierung, stabiles Tracking bei Beleuchtungsunterschieden und Bewegung sowie eine hohe Genauigkeit bei der Überlagerung sind unerlässlich für ein überzeugendes Erlebnis mit AR. Durch die technologische Weiterentwicklung (verbesserte Geräte, Sensoren, Displays etc.) sind für die Zukunft noch bessere Resultate zu erwarten. Es ist davon auszugehen, dass sich die Entwicklung der letzten Jahre fortsetzt: Die Technik wird immer mehr zur Selbstverständlichkeit werden und mehr und mehr in den Hintergrund treten. In der Folge wird sich der Fokus hoffentlich vermehrt auf eine intuitivere Nutzererfahrung richten können.

2. Visuelles bzw. optisches Tracking

Visuelle Tracking-Verfahren benutzen optische Sensoren (sehr häufig Digitalkameras), welche im Bereich von sichtbarem Licht und Infrarotlicht funktionieren. Systeme dieser Art sind heute am gebräuchlichsten, denn sie liefern präzise Ergebnisse und besitzen zudem eine hohe Reichweite[5] – was sehr wichtig ist, wenn sich der Benutzer möglichst frei bewegen können soll.

Marker

Visuelles Tracking erfolgt mit sogenannten Markern – künstliche Symbole (zwei oder dreidimensional), welche aufgrund ihrer geometrischen Form, Farbe etc. mithilfe von Bildverarbeitungstechniken von der Kamera erkannt (getrackt) werden können.

2D-Marker, meistens in Form eines schwarz-weißen Musters, das an das zu trackende Objekt angebracht wird, sind technisch sehr einfach umzusetzen und dementsprechend auch sehr kostengünstig. Werden mehrere Marker verwendet (deren Abstände zueinander bekannt sind), spricht man von multi-marker-basiertem Tracking.

Multi-Marker-basiertes Tracking

In beiden Fällen wird der Videostream mithilfe von Bilderkennungsmethoden analysiert. Dies liefert Sensordaten über die Position der gefundenen Muster und Strukturen und daraus wird dann die Kameraposition berechnet.

Eine Schwierigkeit beim visuellen Tracking mit Markern liegt allerdings darin, dass die Sicht zwischen Kamera und Tracking-Objekt frei sein muss. Denn wenn ein reales Objekt einen relevanten Teil der Marker-Struktur verdeckt, kann dessen Lage nicht bestimmt werden.

Die Verwendung von künstlichen Markern eignet sich aber nicht für jede AR-Applikation – sei es aus ästhetischen oder praktischen Gründen. Insbesondere bei umfangreichen Umgebungen gestaltet sich marker-basiertes Tracking schwierig, da in einem solchen Fall große Mengen künstlicher Marker platziert werden müssen.[6]

Abhilfe schafft hier visuelles Tracking, das markerlos funktioniert. In diesem Fall werden für die Positionsbestimmung natürliche Merkmale von realen Gegenständen benutzt.[7] Dies können einzelne auffällige Merkmale (Features) sein oder aber auch der gesamte Bildinhalt. Allerdings werden in diesem Fall im Vergleich zum visuellen Tracking mit Markern deutlich komplexere Bilderkennungs-Algorithmen benötigt. Schwierig wird es beispielsweise, wenn die Oberfläche eines Tracking-Objekts glänzt oder uneben ist, oder wenn aufgrund ungünstiger Lichtverhältnisse nicht genügend Kontrast vorhanden ist.

Abb. 10: Funktionsweise von visuellem Tracking
Quelle: Metaic (2013)

Beim markerlosen Tracking gibt es verschiedene Ansätze. Einige Systeme greifen auf 3D-Referenz-Modelle zurück, mit denen reale Objekte verglichen werden. Hierbei spricht man von *model-based Tracking.* Beim *feature-based Tracking* werden komplexe Bilderkennungsmethoden eingesetzt, um spezifische Referenzpunkte herauszufiltern.[7]

3. Nicht-visuelles Tracking

Beim nicht-visuellen Tracking werden für die Positionsbestimmung von realen Objekten keine optischen Sensoren, sondern andere Methoden angewendet. Eine interessante Zusammenstellung und Beschreibung findet sich beispielsweise bei Rolland, Baillot & Goon[8]:

Laufzeitbasiertes Tracking (Time of flight)

Diese Art Tracking-System verwendet das umgebende Medium als Signalträger. Dabei wird die Laufzeit eines Signals gemessen, um die Position des Empfängers zu ermitteln. Das bekannteste System dieser Art ist GPS, welches Satelliten und Bodenstationen rund um die Welt verwendet. Dieses und andere globale Satellitennavigationssysteme berechnen die Position des Empfängers (beispielsweise eines Smartphones) basierend auf der Laufzeit von Radiowellen und der dadurch ableitbaren Distanzen zu mehreren Signalsendern.

GPS

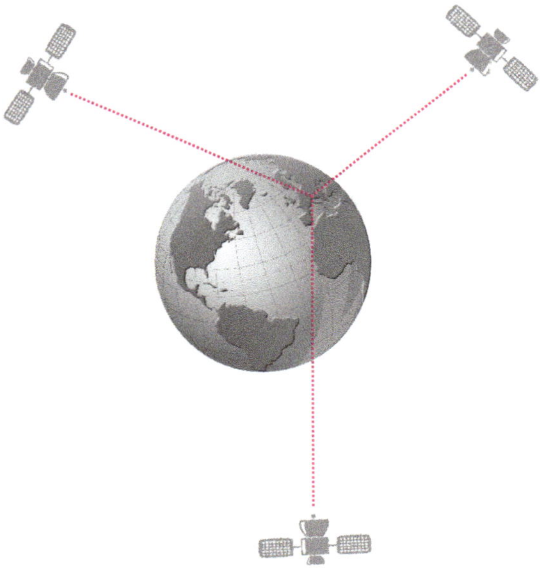

Abb. 11: Positionsbestimmung mit drei Satelliten
Quelle: Eigene Darstellung

Solche Tracking-Systeme eignen sich besonders gut für den Einsatz im Außenbereich – beispielsweise für Navigationsanwendungen und Location-based Services (darunter versteht man mobile Dienste, die dem Benutzer ortsbasierte Informationen oder Dienste liefern). Allerdings ist ein laufzeitbasiertes Tracking innerhalb von Gebäuden oft

Location-based Services

nicht (oder nur schlecht) möglich, da das GPS-Signal dafür nicht ausreicht.

Akustisches Tracking kann ebenfalls zu den laufzeitbasierten Systemen gezählt werden. Bei dieser Methode trifft ein akustisches Schallsignal auf mehrere, an verschiedenen Orten aufgestellte Empfänger. Durch Triangulation lässt sich aus den unterschiedlichen Laufzeiten des Signals dann die Lage des Senders ermitteln. Die Schwierigkeit hier: Da das akustische Signal über Luft übertragen wird, können Veränderungen des Mediums (z.B. Temperatur- und Luftdruckschwankungen) die Laufzeit beeinflussen und die Resultate verfälschen. Weiterhin werden mittlerweile auch optische Time-of-flight-Systeme entwickelt, wie sie beispielsweise von der Microsoft Tiefenkamera Kinect 2 genutzt werden.

Magnetisches Tracking

Bei magnetischen Tracking-Systemen messen Magnetometer die Orientierung eines Objektes in Bezug auf das Erdmagnetfeld. Das bekannteste Beispiel hierfür ist der Magnetkompass. Problematisch bei der magnetischen Tracking-Methode ist, dass das Erdmagnetfeld ungleichmäßig verläuft und anfällig für äußere Einflüsse ist. So können beispielsweise Metalleinschlüsse in der Erdoberfläche oder Metallteile, welche sich in der Nähe des Sensors befinden, die Messresultate verändern. Auch fließender Strom kann ein magnetisches Feld aufbauen und eine mögliche Quelle für Interferenzen darstellen. Ein Magnetkompass ist daher ein ungenaues Messinstrument und wird häufig in Kombination mit anderen Sensoren verwendet.

Trägheitsnavigationssysteme (inertiale Navigationssysteme)

Dabei handelt es sich um Sensorsysteme, welche mithilfe von Gyroskopen oder Beschleunigungssensoren Rotations- und Translationsbewegungen messen. Dadurch lässt sich die Position eines Objektes in Bezug zu dessen Ausgangspunkt ermitteln.

Mechanisches Tracking

Beim mechanischen Tracking existiert eine mechanische Verbindung zwischen dem Tracking-Objekt und einem Referenzpunkt. Diese besteht aus einem Metallarm, der in verschiedene Sektoren unterteilt, an den Gelenken beweglich und mit Sensoren ausgestattet ist. Die Rotationen und Bewegungen werden gemessen und aus den Sensorwerten dann die Position des Tracking-Objektes in Bezug zum Referenzpunkt berechnet. Die Schwäche dieser Art Systeme besteht darin, dass sowohl die Bewegungsfreiheit als auch die Reichweite stark eingeschränkt sind. Daher kommt die mechanische Methode für viele Anwendungen nicht infrage. Der Vorteil liegt darin, dass die Ermittlung der Werte sehr schnell geht und diese auch sehr genau ausfallen.

4. Sensor Fusion

Wer AR nutzt, der weiß: Wenn das Tracking nicht funktioniert, ist die Frustration groß. Bei einer guten AR-Anwendung sollte der Vorgang schnell ablaufen. Sobald der Nutzer sein Mobilgerät auf einen Marker oder ein reales Objekt richtet, sollten die digitalen Inhalte eingeblendet werden. Zudem sollte die Erkennung so gut sein, dass sich der Benutzer möglichst wenig um eine korrekte Ausrichtung der Kamera kümmern muss. Und außerdem ist es wichtig, dass das Tracking stabil bleibt, wenn das Objekt oder das Bild initialisiert ist – die Verbindung also auch nicht verloren geht, wenn sich der Benutzer mit seinem Mobilgerät bewegt. Denn nur so ist ein effektives Arbeiten und eine gute User Experience gewährleistet.

Das hört sich in der Theorie zwar sehr einfach an – in der Praxis sieht es aber deutlich komplizierter aus. Jede der in → Kapitel 2 auf S. 39 und S. 41 beschriebenen Tracking-Methoden hat Stärken und Schwächen. Aus diesem Grund werden deshalb oft verschiedene Ansätze kombiniert.

Der Informatiker Felix Löhr hat eine sehr interessante Masterarbeit zum Thema Sensor Fusion – so nennt sich die Kombination von mehreren Tracking-Methoden – geschrieben.[14] Er untersuchte darin, wie wenig genutzte Sensoren in einem Smartphone oder Tablet visuelles Tracking verbessern und bei Instabilitäten kurzfristig überbrücken können.

Gerade im Bereich der Mobilgeräte befinden wir uns hier erst am Anfang. Denn Smartphones/Tablets bieten noch viele ungenutzte Möglichkeiten – insbesondere für Augmented Reality.

5. Sensoren im Überblick

Die Kamera beispielsweise kann Bilder und Videos aufnehmen. Es lassen sich damit aber auch Gesichter erkennen und gezielt zur Steuerung des Geräts nutzen.

Jeder, der schon eine der zahlreichen Wasserwaagen-Apps auf dem Smartphone genutzt hat, kam dabei in Kontakt mit dem eingebauten Gyroskop. Durch Messung der Lageveränderungen kann damit die Orientierung des Mobilgeräts bestimmt werden.

Geht es um Beschleunigung, dann kommt der Accelerometer ins Spiel, beispielsweise Schüttelgesten, mit denen bestimmte Funktionen ausgelöst werden. Durch ihn lässt sich erkennen, in welche Richtung das Smartphone bewegt wird.

Mittels Accelerometer und Gyroskop lassen sich also z.B. Rennspiele auf dem Mobilgerät durch Neigung und Rotation der Hände steuern.

Abb. 12: Steuerung durch Neigung und Rotation bei GT Racing 2
Quelle: Eigene Darstellung

GPS

Der magnetische Kompass sorgt dafür, dass der Benutzer die korrekte geographische Orientierung erhält. Zur Standortbestimmung nutzt das Mobilgerät die GPS-Funktion. Zusammen mit dem Kompass entsteht so eine zuverlässige Navigation. Wenn kein GPS-Signal verfügbar ist, kann auch das WIFI eine Positionsbestimmung vornehmen. In diesem Fall bestimmt das Gerät durch Triangulation anhand verschiedener WIFI-Punkte seinen ungefähren Standort.

Beacons

Erschwerend war bis jetzt, dass solche Signale innerhalb von Gebäuden häufig geblockt werden oder für eine genaue Ortsbestimmung zu schwach sind. In der Form von Beacons existiert mittlerweile aber auch hier eine Lösung (mehr dazu → Kapitel 4, S. 113).

Abb. 13:
Beacon für Lokalisierung
Quelle: Estimote Inc. (2015)

Mit GPS und Gyroskop entsteht eine weitere Tracking-Variante: die Location-based Services. Hier erhält der Nutzer Informationen aufgrund seines Standorts und der Blickrichtung seines Mobilgerätes.

Bis jetzt war es so, dass die in den Mobilgeräten verbauten Sensoren Cent-Artikel sind – entsprechend also auch ihre Qualität. Da Augmented Reality aber zunehmend auch in den Fokus der großen Hersteller wie Apple, Samsung etc. tritt, besteht durchaus Hoffnung, dass diese in Zukunft mehr Wert auf qualitativ hochwertige Sensoren legen und dass sich diese dann wiederum besser für Augmented-Reality-Anwendungen einsetzen und kombinieren lassen.

6. Darstellung

Nach dem in → Kapitel 2 auf S. 37 beschriebenen Tracking- und Registrierungsprozess wird der augmentierten Videostream via eines Displays angezeigt. Welche Arten es hier gibt, wollen wir im Folgenden betrachten.

Prinzipiell kann unterschieden werden zwischen drei verschiedenen Ausprägungen[2]:

- Überlagerung eines Videobildes
- Überlagerung der freien Sicht
- Projektionsbasierte Darstellung

Bildschirmdarstellung

Die Tracking-Software scannt die Umgebung in kurzen Intervallen und sucht diese nach einem oder mehreren Markern ab. Erkennt die Kamera einen Marker, wird die Komposition aus natürlicher Umgebung, Marker und virtuellen Elementen auf den Computerbildschirm projiziert.

Die Tracking-Software ist fähig, die Bewegung des Markers nachzuvollziehen und die korrekte Lage der virtuellen Objekte dementsprechend anzupassen. Es ist auch möglich, verschiedene Aktionen durch Manipulation des Markers (Drehen oder Abdecken bestimmter Gebiete) auszulösen. So kann z.B. die Farbe eines Objektes verändert werden.

Print

Digital Signage

Messen

Diese Art der AR-Darstellung wird sehr häufig verwendet. So können verschiedene Printerzeugnisse wie Gruß- oder Visitenkarten, Werbeanzeigen etc. mit AR-Inhalten erweitert werden, welche der Nutzer dann vor dem Computer ansehen kann. Häufig werden auch fixe Bildschirmstationen in Läden (genannt *Kiosk* oder *Digital Signage*), Ausstellungen oder auf Messen aufgestellt, wo der Nutzer mit den AR-Inhalten interagieren kann. Ein Beispiel hierfür ist der *Lego Digital Box Kiosk* (vgl. → Kapitel 4, S. 77). Die Lego-Packungen sind mit Markern versehen, nach deren Tracking die Kunden den zusammengebauten Inhalt sehen können.

Mobilgeräte (Handhelds)

Mobilgeräte sind transportable Rechner, welche der Nutzer in seiner Hand halten kann. Diese können kategorisiert werden in:[6]

- Mobiltelefone
- Tablets
- PDAs (*Personal Digital Assistant* – ein kleiner portabler Computer)

Video-see-through

Mobile Handhelds nutzen Video-see-through-Technologie, um die reale Umgebung mit virtuellen Elementen zu überlagern, und nutzen Sensoren wie Kompass und GPS, Referenzpunkt-Marker-Systeme und Bilderkennungsmethoden.[9]

Mobilgeräte haben sich in den letzten Jahren zu idealen AR-Plattformen entwickelt – verfügt die neueste Generation doch über Vollfarb-Displays, integrierte Kameras, schnelle Prozessoren und 3D-Grafik-Chips.[10] So existieren unzählige Applikationsbeispiele für Mobilgeräte. Artikel und Printanzeigen in Magazinen, Büchern, auf Billboards etc. können mithilfe eines Smartphones oder eines Tablets zum Leben erweckt werden. Oder Nutzer schlendern mit dem Smartphone oder dem Tablet durch die Stadt und erhalten simultan dazu Informationen zu verschiedenen Sehenswürdigkeiten (Point-of-interest) mit der Hilfe von AR-Browsern wie Layar, Junaio oder Wikitude.

Head-up Displays (HUD)

Im Ursprung wurde diese Technologie für den Einsatz in der militärischen Luftfahrt entwickelt, wo zusätzliche Fluginformationen (Kompass, künstlicher Horizont etc.) auf die Windschutzscheibe des Piloten projiziert wurden.[7] Grundsätzlich kommen hier weder Marker noch andere Tracking-Methoden zum Einsatz. Vielmehr wird ein kleines Gerät hinter dem Armaturenbrett auf die Windschutzscheibe ins Sichtfeld des Piloten projiziert, welcher dann die gespiegelten Informationen als Teil der realen Welt wahrnimmt. Heute wird diese Methode häufig in der Automobilindustrie eingesetzt.

Head-mounted Displays (HDM)

HDMs nutzen entweder ein (monokulares) oder zwei (binokulare oder stereoskopische) Displays mit Linsen und semitransparenten Spiegeln, welche an einem Helm oder in einer Brille angebracht sind. Wenn der Nutzer seinen Kopf bewegt, erfasst die Kamera die reale Umgebung und sucht diese nach Markern oder natürlichen Objekten (markerloses Tracking) ab. Das Rendering von realen und virtuellen Bildern wird dann auf das Display projiziert, welches direkt vor dem Auge des Benutzers montiert ist.

Kann der Nutzer durch die Brille die reale Umgebung sehen, in der die AR-Elemente eingeblendet werden, so spricht man von *Optical-see-through* (z.B. Meta One, Vuzix M100, Epson Moverio BT-200, Google Glass, Microsoft HoloLens). Ist das HMD geschlossen wie in der virtuellen Realität und der Blick in die reale Umgebung ist durch eine angebrachte Kamera möglich, dann bezeichnet man das als *Video-see-through* (z.B. Oculus Rift mit Kamera).

Optical-see-through

Während der Nutzer bei Optical-see-through lediglich AR-Inhalte eingeblendet bekommt, befindet er sich bei Video-see-through bereits in der virtuellen Realität, die per zusätzlicher Kamera um AR ergänzt wird. Heute werden HDMs für Applikationen in ganz verschiedenen Bereichen verwendet, so beispielsweise in der Flugsimulation, in der Maschinenentwicklung, für Trainings- und Ausbildungszwecke. Videobrillen sind HDMs, welche als persönliche große Flachbildschirme dienen. Sie existieren seit den späten 1990er Jahren und ihre Performance lag häufig hinter den in sie gesetzten Erwartungen.

Vuzix und Epson brachten die ersten Datenbrillen auf den Markt, die für Augmented Reality vernünftig nutzbar und am Markt erhältlich sind. Die Google Glass erschien kurz danach in einem limitierten Entwicklerprogramm, bevor auch Microsoft seinen HoloLens-Prototypen vorstellte. Samsung und Zeiss zielen mit Gear VR und One stärker auf den Virtual-Reality-Markt, sind aber auch für AR interessant. Sony arbeitet am Projekt Morpheus und über Apple hört man Gerüchte, dass ein kleines Entwicklerteam an einer eigenen Brille arbeitet.

EXKURS: Google Glass

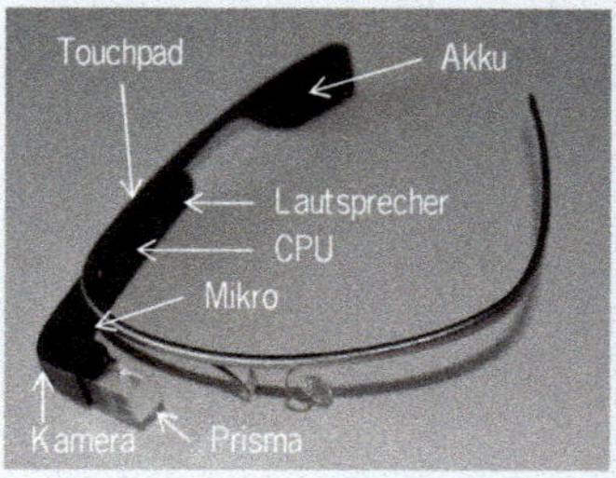

Abb. 14: Google Glass Datenbrille Quelle: Eigene Darstellung

Hier wollen wir einen kurzen Exkurs zur *Google Glass* einschieben und einen genauen Blick auf das Device werfen, von welchem viele denken, dass das Gerät zu einer verstärkten Verbreitung von AR in der Zukunft führen könnte.

Die Google Glass befand sich seit der Einführung in einer Entwicklerversion und war bzw. ist lediglich in den USA und in Großbritannien verfügbar. Mittlerweile wurde das *Explorer Program* für private Kunden eingefroren, weil Google nach eigenen Aussagen die Erkenntnisse der Nutzer auswertet und in die Konzeption des nächsten Modells einfließen lassen will. Entwickler können die Glass nach wie vor kaufen.

Abb. 15: Google Glass für kontextbezogene Informationen Quelle: Eigene Darstellung

Google Glass stellt die Inhalte mit einem Prisma auf einem Glas bzw. Auge dar. Laut Google-CEO Larry Page ist das der Grund, warum das Gerät *Glass* und nicht *Glasses* heißt. Derzeit ist die Brille, die es mittlerweile mit verschiedenen Fassungen gibt, mit einer 5-Megapixel Kamera ausgestattet, die Videos mit der Qualität von 720p aufnimmt. Als Eingabemedium stehen ein Touchpad sowie ein Mikrofon zur Verfügung. Das Gerät wird per Bluetooth-Tethering mit dem Smartphone verbunden, wovon es die Informationen der installierten Apps erhält. Ebenso eingebaut ist WIFI, hingegen kein GPS-Chip. Die Tonausgabe erfolgt über einen Knochenlautsprecher, der den Ton per Vibration zum Ohr des Nutzers überträgt. Dies mutet zwar etwas seltsam an, funktioniert in der Praxis allerdings hervorragend.

Um Google Glass zu starten, drückt der User den Knopf am Touchpad auf der rechten Seite der Brille. Darauf erscheint der Home-Bildschirm. Anstelle verschiedener App-Symbole gibt es die sogenannten *Google Glass Cards* – kleine Karten, auf denen die Einblendungen zu sehen sind. Wie erwähnt, können die Aktionen per Touchpad oder mittels Sprachbefehl ausgelöst werden.

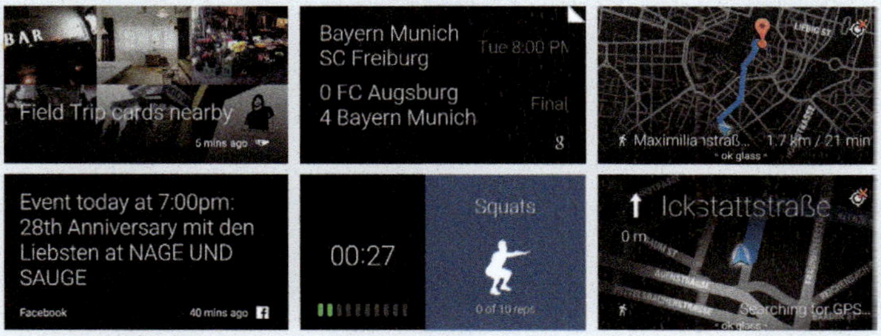

Abb. 16:
Google Glass Cards
Quelle: Sensable/Tim Kessler

Mit „Ok, Glass" weckt man die Glass auf. Sagt man „Take a picture" oder „Record video", dann setzt das Gerät die entsprechenden Befehle direkt um. Das aufgenommene Material kann dann auch auf Sozialen Medien geteilt werden. Andere Funktionalitäten beinhalten die GPS-Navigation, welche dem Nutzer unterwegs den richtigen Weg zeigt. Mittlerweile gibt es schon eine stattliche Anzahl an Apps – von Facebook und Twitter über Nachrichten, Sport bis zu virtuellen Kochbüchern.

Für den Einsatz mit Augmented Reality hat die Google Glass einige Einschränkungen. Einerseits hält der Akku in einem AR-Szenario derzeit gerade mal rund 30 Minuten durch, andererseits wird die Brille dabei sehr heiß. Auch sind kleine Details der Einblendungen kaum wirklich zu sehen. Das Display ist zwar gestochen scharf, in seiner Größe aber sehr begrenzt. Das Ziel von Google bestand auch nicht darin, ein Display für korrekte AR-Überlagerungen zu entwickeln, wie es bei gängigen Optical-see-through-Brillen der Fall ist (z. B. Epson Moverio), sondern kontextbezogene Informationen ins Sichtfeld des Nutzers einzublenden.

Gegenwärtig gehen die Meinungen hinsichtlich Google Glass stark auseinander. Während einige große Erwartungen in die Entwicklung legen und ihr das Potential zuschreiben, unser Leben in Zukunft stark zu prägen, wird das Gerät von anderen stark kritisiert hinsichtlich der weitreichenden Konsequenzen der Technologie. So befürchten viele, dass die Technologie für Spionagezwecke missbraucht werden könnte, weil das aufgenommene Material auf den Servern von Google landet.

Wir konnten in eigenen Tests erleben, wie die Menschen auf die Google Glass reagieren. Zum einen ist eine große Neugier vorhanden („Ist das die Glass? Kann ich die mal probieren?"), zum anderen aber auch Skepsis, weil die Leute nicht sicher sind, was der Nutzer gerade mit dem Gerät macht. Daran kann auch Google noch einiges verbessern.

Wir sind daran gewöhnt: Wenn jemand in der Öffentlichkeit sein Smartphone in die Höhe hält, fotografiert er meist oder nimmt ein Video auf. Das ist also ein verständliches Signal, mit dem die Umwelt eine Aktion erkennen kann. Bei der Google Glass allerdings ist nicht ersichtlich, ob gerade die Foto- oder Videoaufnahme aktiv ist. Eine kleine Leuchte würde das Problem einfach lösen.

Man muss dabei aber auch sagen, dass Google erst am Anfang der Entwicklung steht und dafür ist die Google Glass ein erstaunliches Gerät.

Kontaktlinsen

Die neueste Entwicklung, um virtuelle Objekte in die reale Umgebung zu integrieren, sind spezielle Kontaktlinsen. Allerdings befindet sich die Technologie noch in den Kinderschuhen. Babak Parviz, Bio-Nano-Technologieexperte, baute eine Linse mit einem eingebauten LED (Light Emitting Diode), welches drahtlos betrieben wird.

Momentan gibt es immer noch diverse Hürden, welche bei der Produktion von Multifunktions-Kontaktlinsen überwunden werden müssen. Insbesondere der Herstellungsprozess ist schwierig, weil viele der Linsenteile und Subsysteme untereinander nicht kompatibel sind und weil das Polymer der Linse sehr fragil ist. Zudem müssen alle Komponenten miniaturisiert und in ein kleines, flexibles und transparentes Polymer integriert werden. Und die dritte Herausforderung besteht darin, dass die Linse komplett ungefährlich für das Auge sein muss.[11] Es wird sich also erst in Zukunft zeigen, ob und wann Multifunktions-AR-Kontaktlinsen eine Realität werden.

7. Software, Browser, Apps

In den letzten Jahren haben sich zahlreiche Unternehmen auf die Entwicklung von AR-Software spezialisiert – beispielsweise Metaio, Blippar, Total Immersion, Wikitude, Vuforia, Adstock etc.

Mittlerweile arbeiten diese Firmen auch eng mit Chip- und Geräteherstellern zusammen, um die Technologie zu verbessern und weiterzuentwickeln.

Die angebotenen Softwarekomponenten in ihrer Leistungsfähigkeit zu überblicken bzw. zu vergleichen, ist nicht einfach, denn der Einsatz von AR-Applikationen hängt stark von der Art des Trackings, der benutzten Hardware und der Steuerung der Anwendung ab.[4]

Im Folgenden wollen wir uns deshalb vielmehr darauf konzentrieren, was es mit den Begriffen *AR-Browser* und *AR-Apps* auf sich hat.

Mobile Augmented-Reality-Anwendungen erreichen den Nutzer momentan in zwei Darreichungsformen: als eigenständige AR-App oder in einem Kanal eines AR-Browsers.

AR-Browser

Zu den wichtigsten AR-Browsern gehören Wikitude, Layar, Junaio, Aurasma und Blippar. Die meisten AR-Browser funktionieren auf der Basis eines Verlinkungssystems, das auf die Inhalte von Content-Lieferanten (Entwickler, Firmen etc.) zurückgreift. So können bei Wikitude sogenannte *Worlds*, bei Layar *Layers*, bei Junaio *Channels* und bei Aurasma *Auras* erstellt und veröffentlicht werden. Der Benutzer muss also zuerst die App downloaden und dann den Zugang zu den gewünschten Inhalten eines bestimmten Anbieters finden. Dies geschieht entweder über die Suchfunktion, über Favoriten oder teilweise durch Visual Search (indem ein Bild fotografiert wird und dann das aus einer Ergebnisliste ausgewählt wird).[12]

Vom Prinzip her funktioniert ein AR-Browser also ähnlich wie ein Webbrowser. Mit einem problematischen Unterschied: Im Gegensatz zu Internetbrowsern gibt es keinen einheitlichen Standard, was die Aufbereitung von AR-Content angeht. Das bedeutet, dass Inhalte für jeden AR-Browser unterschiedlich aufbereitet werden müssen.

AR-App

Eine AR-App ist eine Anwendung, die speziell für einen bestimmten Zweck entwickelt wird – z. B. um Nutzern ergänzende Informationen zu einem Produkt zu liefern, als augmentierte Bedienungsanleitung, um Prozesse zu visualisieren etc.

Im Gegensatz zu einem AR-Browser ist es bei einer AR-App möglich, sämtliche Inhalte (3D-Grafiken, Bilder, Texte etc.) in der Anwendung selber unterzubringen. Das hat den Vorteil, dass der Nutzer keine Internetverbindung braucht, um die Anwendung benutzen zu können. Der Nachteil besteht darin, dass eine App dadurch sehr groß werden kann – also sehr viel Speicherplatz benötigt.

Ob eigene App oder ein Kanal in einem AR-Browser: Beides hat Vor- und Nachteile. Wenn man sich als Unternehmen mit dem Gedanken trägt, eine mobile AR-Anwendung zu entwickeln, muss man beide Varianten gegeneinander abwägen und entscheiden, welche der beiden Möglichkeiten am meisten Sinn macht. Aus diesem Grund werden wir uns bei → Kapitel 5 auf S. 134 ff. noch detaillierter mit diesem Thema auseinandersetzen.

8. Erstellung von Content

Nachdem wir die technologischen Aspekte von AR betrachtet haben, wollen wir nun auch einen Einblick geben, wie die dafür nötigen Inhalte erstellt werden können.

Printmedien

Für die Verknüpfung von Printmedien mit AR-Content muss ein Code (beispielsweise ein QR-Code), ein Bild oder ein Logo mit Markern versehen werden, damit die Kamera die Objekte erkennen und anschließend den AR-Content aktivieren kann. Die einfachste Variante hierfür ist die Erstellung eines QR-Codes, der eine Verlinkung zu einer Website beinhaltet.

QR-Codes können im Internet auf entsprechenden Seiten kostenlos erstellt und genutzt werden. Die Vorteile dieser Methode liegen in der einfachen Erstellung, Verwendung und mittlerweile auch in ihrem Wiedererkennungswert (die meisten Nutzer wissen mittlerweile, was es mit dem schwarz-weißen Muster auf sich hat).

Aufgrund seines Designs wird ein QR-Code aber häufig als hässlich und störend empfunden. Allerdings mangelt es derzeit noch an Alternativen, um den QR-Code zu ersetzen und ein für Nutzer bekanntes und verständliches Symbol für AR-Inhalte zu verwenden.[13] Um Augmented Reality in Zukunft besser zu positionieren und zugänglich zu machen, besteht hier bei Entwicklern und Agenturen Handlungsbedarf.

Wikitude Studio

Ein System, das keinen QR-Code benötigt und vorhandene Bilder für die Initialisierung verwendet – also markerloses Tracking einsetzt – ist das Programm *Studio* von Wikitude. Damit können Bilder aus Printprodukten als elektronische Version in die Software geladen werden. Es existieren dann verschiedene Möglichkeiten, wie die Inhalte mit Verlinkungen auf Webseiten oder durch Einblendungen von 3D-Objekten erweitert werden können. Die gewünschten AR-Erweiterungen werden

Abb. 17:
Wikitude Studio Bedienoberfläche
Quelle: Eigene Darstellung

virtuell am Bildschirm auf das Printmedium gezogen, der Button platziert und mit entsprechenden Inhalten wie Website-URLs etc. „verlinkt". Nach dem Publizieren der Seite kann der AR-Content mithilfe der App Wikitude betrachtet werden (so wie das hier im Buch der Fall ist). Vorteilhaft ist, dass auch Printmedien mit AR-Content ausgestattet werden können, die bereits gedruckt sind. Dies ist bei der Verwendung eines QR-Codes natürlich nicht möglich.

Weitere Dienste, die ähnlich funktionieren sind: Layar, Junaio, Daqri, Aurasma und Augment. Die Apps unterscheiden sich im Wesentlichen in der Art, wie die eigenen AR-Inhalte für andere bereitgestellt werden.

Um die Dienste nutzen zu können, wird entweder eine monatliche Pauschale bezahlt, die eine unbegrenzte Anzahl an Markern einschließt oder für eine bestimmte Anzahl an Markern. Eine weitere Einnahmequelle der Dienste ist die Lizenzierung der eigenen Technologie in Form von Entwicklungsumgebungen (SDKs). Wikitude, Daqri, Metaio und auch Layar bieten solche SDKs an, mit denen die AR-Funktionen in eigene Apps integriert werden können.

AR-Browser wie Wikitude können auch genutzt werden, um mit GPS-Daten Orte und Objekte mit Location-based Services zu erweitern. Dies reicht von der einfachen Erstellung von Orten im Browser bis zur Programmierung eigener Apps, etwa für die Navigation und den Tourismus.

LESETIPPS

- Dörner, Ralf/Wolfgang, Broll/Grimm, Paul/Jung, Bernhard (2013): *Virtual und Augmented Reality: Grundlagen und Methoden der Virtuellen und Augmentierten Realität.* Springer-Verlag
- Rolland, Jannick/Baillot, Yohan/Goon, Alexei (2001): *A Survey of Tracking Technologies for Virtual Environments.* In: Fundamentals of Wearable Computers and Augmented Reality
- Tönnis, Marcus (2010): *Augmented Reality. Einblicke in die Erweiterte Realität.* Springer Verlag

Anmerkungen

1 Tegtmeier, André (2006): *Augmented Reality als Anwendungstechnologie in der Automobilindustrie.* Otto-von-Guericke-Universität

2 Dörner, Ralf/Broll, Wolfgang/Grimm, Paul/Jung, Bernhard (2013): *Virtual und Augmented Reality: Grundlagen und Methoden der Virtuellen und Augmentierten Realität.* Springer-Verlag. Berlin Heidelberg

3 Schilling, Thomas (2007): *Augmented Reality in der Produktentstehung.* Dissertation. Technische Universität Illmenau

4 Mehler-Bicher, Anett/Reiss, Michael/Steiger, Lothar (2011): *Augmented Reality: Theorie und Praxis.* Oldenbourg Verlag

5 Schwarzbauer, Christian (2005): *Grundlagen Augmented Reality.* Abgerufen am 15.03.2015 von http://www.dma.ufg.ac.at

6 Klein, Georg (2009): *Visual Tracking for Augmented Reality: Edge-based Tracking Techniques for AR application.* Saarbrücken

7 Tönnis, Marcus (2010): *Augmented Reality. Einblicke in die Erweiterte Realität,* Springer Verlag

8 Rolland, Jannick/Baillot, Yohan/Goon, Alexei (2001): *A Survey of Tracking Technologies for Virtual Environments.* In: Fundamentals of Wearable Computers and Augmented Reality. Mahwah. NJ: Lawrence Erlbaum Assoc.

9 Furth, Burko (2011): *Handbook of Augmented Reality.* Springer Science and Business Media. Heidelberg

10 Haller, Michael/Billinghurst, Mark/Thomas, Bruce H. (2007): *Emerging Technologies of Augmented Reality: Interfaces and Design.* Idea Group Inc.. London

11 Parviz, Babak (2009): *Augmented Reality in a Contact Lens: A new generation of contact lenses built with very small circuits and LED promises bionic eyesight.* Abgerufen am 11.01.2015 von http://spectrum.ieee.org/biomedical/bionics/augmented-reality-in-a-contact-lens/0

12 Augmented Minds (2013): *Augmented Reality Browser.* Abgerufen am 03.04.2015 von http://www.augmented-minds.com/de/erweiterte-realitaet-anwendung/was-ist-augmented-reality

[13] Zhao, Michael (2012): *This Augmented Reality App Is the Final Nail in the QR Code's Hideous Coffin.* Abgerufen am 12.10.2014 von: http://gizmodo.com/5915944/this-augmented-reality-app-is-the-final-nail-in-the-qr-codes-hideous-coffin

[14] Löhr, Felix (2013): *Entwicklung eines Sensor Fusion Ansatzes zur Posebestimmung auf mobilen Endgeräten.* Universität Koblenz, Institut für Computervisualistik.

Kapitel 3
Warum profitieren digitale Kommunikation und Mobile Marketing von AR?

UM DAS GEHT'S!

- Wie verändern Online- und Digitalmedien die Medienlandschaft?
- Welchen Einfluss hat die heutige Informationsflut auf das Nutzerverhalten?
- Was versteht man unter multisensualer Kommunikation?
- Wie erweitert Augmented Reality die visuelle Kommunikation?

1. Kommunikation im digitalen Medienzeitalter

In den vergangenen Jahren haben die Menschen ihre Gewohnheiten verändert, wie sie Informationen aufnehmen und Medien nutzen. Wie auch schon in früheren Zeiten neu entstehender Medienkanäle, so zeigt sich auch heute: Bestehende Medien verschwinden nicht. Sie werden erweitert, neu konzipiert und passen sich an die neue Situation an. Unternehmen ergänzen ihren Kommunikationsmix, um mit passenden Instrumenten eine möglichst breite Zielgruppe erreichen zu können. Selbst unser Gehirn stellt sich der neuen Situation und filtert ankommende Informationen immer schneller.

Darin liegt die Basis für eine neue Generation von Kommunikationsinstrumenten wie Augmented Reality. Visuell, interaktiv und mit spielerischer User Experience: So entstehen neue Möglichkeiten, um die Zielgruppen zu erreichen und zu begeistern. Dabei soll klar festgehalten werden, dass Augmented Reality keine bestehenden Medien ersetzt, sondern diese erweitert und ergänzt. Mit AR bekommen Marketing- und PR-Verantwortliche ein Werkzeug für crossmediale und integrierte Kommunikation.

Augmented Reality fördert die Verschmelzung der Kommunikationsdisziplinen Marketing und PR. Insbesondere in Digital- und Mobile-

Werbung

crossmedial

Medien sind die Grenzen zwischen Information und Werbung fließend. Durch die crossmedialen Möglichkeiten bildet AR Brücken zwischen Marketing und PR und verbindet Content-Inseln über alle Bereiche der Kommunikation hinweg. Bezüglich einer übergreifenden Unternehmenskommunikation kann man daher sagen: Wer moderne Medien aus dem digitalen und mobilen Werkzeugkasten einsetzt, der sollte die Vorteile der disziplinübergreifenden Instrumente nutzen und alle Bereiche integrieren.

Kommunikation gestern und heute

Wie gelangen Botschaften und Informationen von einer Person zur anderen? Ganz einfach gesagt: durch Kommunikation – die Übertragung und den Austausch von Informationen. Dazu bedarf es neben einem Sender eines oder mehrerer Empfänger (auch Rezipienten genannt).

Marketing und PR kennen unterschiedliche Inhalte, die sie an ihre Zielgruppen kommunizieren: Produktinformationen, Botschaften des Unternehmens, Werbung, Geschichten und unterhaltende Elemente. Zusammengefasst sprechen wir von Content. Die Zielgruppen können externe Ansprechpersonen (beispielsweise Medienschaffende, Kunden, Politiker) und interne (Mitarbeiter, Pensionäre etc.) sein.

Für die Übertragung des Contents von Mensch zu Mensch ist ein Kommunikationskanal erforderlich. Der Sender kann seine Informationen via Sprache, über einen Code oder mit Zeichen an den oder die Rezipienten übertragen. Unterschieden wird zwischen verbaler Kommunikation und nonverbaler Kommunikation (welche über Gestik und Mimik erfolgt).

Einfacher Kommunikationsprozess

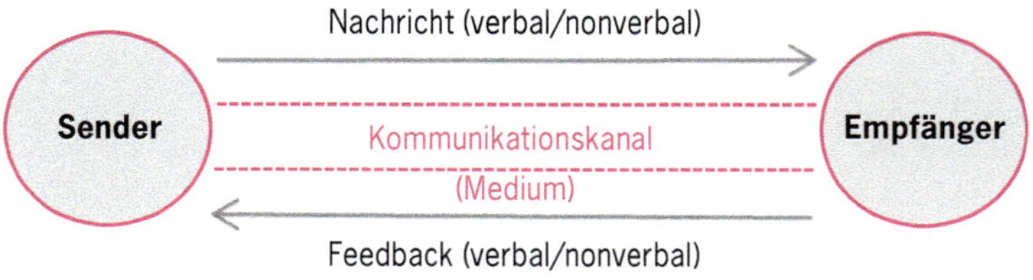

Abb. 18: Darstellung eines Kommunikationsprozesses
Quelle: Eigene Darstellung

In den meisten Fällen kommunizieren Unternehmen nicht durch persönliche Gespräche, sondern mit Medien als Content-Träger. Dabei ersetzen die Instrumente der Kommunikationskanäle (z.B. eine Webseite, eine Veranstaltung oder ein Printmedium) die Sprache.

Medienutzungsdauer

Die heutige Medienlandschaft bietet eine kaum überschaubare Vielfalt an Kommunikationsmöglichkeiten. Durch die Fragmentierung der Medien und die rasante Entwicklung der Online-, Mobile- und Digitalmedien hat sich das Nutzerverhalten nachhaltig verändert. Wie eine aktuelle Studie zur Mediennutzungsdauer von ARD und ZDF[1] zeigt, gewinnt das Internet und die mobile Kommunikation an Bedeutung. Gleichzeitig sinkt bei den Konsumenten das Interesse am Medium Print. Insbesondere aktuelle Nachrichten, Produktinformationen und -vergleiche werden immer häufiger online und mobil konsumiert. Ein Blick in die Studie verrät, dass sich die mobile Internetnutzung innerhalb der vergangenen fünf Jahre über nahezu alle Altersgruppen hinweg fast verfünffacht hat.

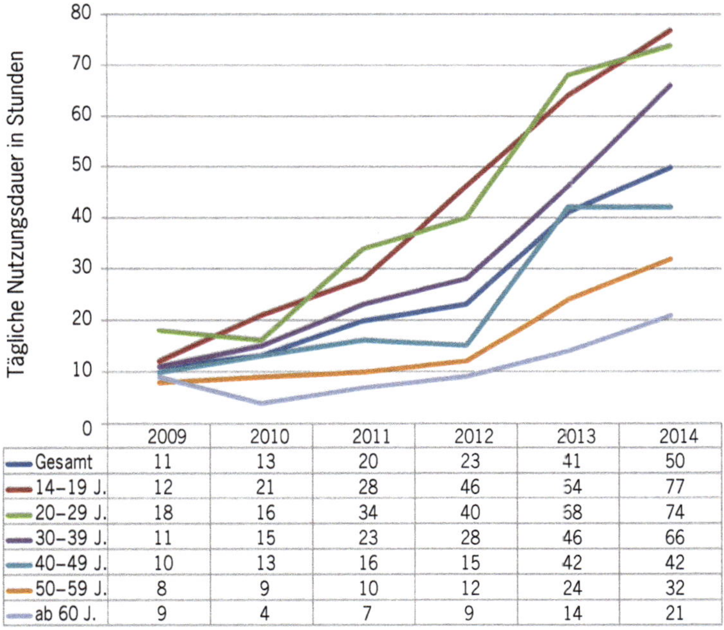

	2009	2010	2011	2012	2013	2014
Gesamt	11	13	20	23	41	50
14–19 J.	12	21	28	46	64	77
20–29 J.	18	16	34	40	68	74
30–39 J.	11	15	23	28	46	66
40–49 J.	10	13	16	15	42	42
50–59 J.	8	9	10	12	24	32
ab 60 J.	9	4	7	9	14	21

Abb. 19: Veränderung der mobilen Internetnutzung 2009 bis 2014
Quelle: Eigene Darstellung, ARD/ZDF-Onlinestudie[1]

Noch vor 30 Jahren informierten sich die Konsumenten ausschließlich über Fernsehen, Radio, Zeitungen und Magazine. Inzwischen haben nicht nur die Fernseh- und Radiokanäle durch private Anbieter zugenommen, sondern auch die Zeitungs- und Zeitschriftenlandschaft hat sich verändert. Anfang des neuen Jahrtausends wurde der Printmarkt noch mit Fachmagazinen überschwemmt. Inzwischen sind renommierte Tageszeitungen wie z. B. die Financial Times Deutschland von der Bildfläche verschwunden.

Vom Informationsangebot zur Informationsflut

Entscheidend für die veränderte Medienlandschaft ist die Entwicklung des Internets sowie der daraus resultierenden neuen digitalen Medien. Die kommerzielle Phase des Internets begann 1990. Im Jahr 1993 lief lediglich 1 Prozent des weltweiten Informationsflusses der Telekommunikationsnetze über das Internet.[2] Rund 51 Prozent waren es 2000, und 2007 deckte das Internet bereits 97 Prozent ab.

Mittlerweile gibt es neben dem Internet eine Vielzahl an Medien im Online- und Digitalbereich. Dazu zählen Blogs, Foren, Communities und vor allem das Social Web – z. B. Facebook, Twitter, Google+, Netzwerke wie XING und LinkedIn. Im Digitalbereich können Podcasts und Vodcasts konsumiert und ganze Videokanäle auf YouTube erstellt werden.

Die folgenden Zahlen aus der Pingdom-Studie[3] sollen einen Überblick und ein Gefühl für das Wachstum und das damit verbundene Informationsangebot im Internet geben:

Im Dezember 2011 konnten insgesamt 555 Millionen registrierte Websites gezählt werden. Das bedeutete eine Zunahme um 300 Millionen Websites in nur einem Jahr. Dabei handelt es sich lediglich um die Websites an sich, nicht um einzelne Seiten innerhalb eines Webauftritts. Werden diese als Maßstab genommen, können mehr als zwei Milliarden Seiten gezählt werden.

Weltweit gab es 2011 mehr als drei Milliarden E-Mail-Accounts. Durchschnittliche geschäftliche E-Mail-Nutzer senden und erhalten nach der Pingdom-Studie im Durchschnitt 112 E-Mails pro Tag.

Weitere Zahlen der Studie in einer Auflistung verdeutlichen die Entwicklung der Medien:

ZAHLEN UND FAKTEN (2014)

- Internetnutzer weltweit: 2,1 Mrd., davon 476 Mio. in Europa
- Twitter-Tweets pro Tag: mehr als 500 Mio.
- YouTube-Videoaufrufe pro Tag: mehr als 4 Mrd.

Diese beispielhafte Auswahl aus der Pingdom-Studie soll verdeutlichen, welch enorme Informationsflut allein aus dem Internet und den Web-2.0-Medien generiert wird. Jeden Tag prasselt eine Unmenge an selektiv wichtigem und unwichtigem Content auf die Rezipienten der Kommunikations- und Marketingabteilungen ein. Hinzu kommen die „traditionellen" Massenmedien wie Fernsehen, Radio und Presse. Dabei sind Informationen aus Gesprächen, Veranstaltungen etc. noch überhaupt nicht berücksichtigt.

Aufmerksamkeits-konkurrenz

Jedes Medium, jedes Instrument und jeder Kanal – und damit auch sämtliche Marketing- und PR-Arbeit – versucht, die Aufmerksamkeit der Rezipienten zu bekommen. Es herrscht ein regelrechter Aufmerksamkeitskonkurrenzkampf. Denn es geht darum, andere sendende Organisationen und deren genutzte Medien auszubooten, um die eigenen Botschaften wirkungsvoll platzieren zu können.

Digital und Mobile auf dem Vormarsch

Gute Chancen auf Aufmerksamkeit hat neben TV alles, was digital aufbereitet und online bzw. mobil verfügbar ist. Denn Online- und Digitalmedien haben durch ihre permanente und häufig kostenlose Verfügbarkeit und Aktualität einen hohen Stellenwert bei den Rezipienten erlangt. Dies ist einer der Gründe für die Schwierigkeiten der Printmedien – für welche der Leser im Normalfall immer noch zahlen muss.

Auch die einfachere Informationsaufnahme multisensualer Kommunikation verstärkt diese Entwicklung. Es findet also zumindest eine teilweise Verschiebung von Print- zu Digitalmedien statt.

Eine weitere Veränderung im Nutzerverhalten wurde durch die Entwicklung der Mobilgeräte (insbesondere Smartphones und Tablets) in Gang gebracht. Innerhalb eines Jahres, vom 1. Quartal 2011 bis zum 1. Quartal 2012, stieg beispielsweise die Zahl der über 16-Jährigen in Deutschland, die ein Smartphone besitzen bzw. nutzen von 18 auf 29 Prozent. Bis zum Jahresanfang 2013 waren es bereits 40 Prozent. 64 Prozent der Smartphone-Nutzer gehen mindestens einmal täglich mit dem Device ins Internet und 67 % würden ohne das Smartphone das Haus nicht verlassen.

Weitere Ergebnisse aus der Google-Studie *Unser mobiler Planet*[4] zeigen, was Smartphone-Nutzer anspricht: visuelle und spielerische Elemente, die eine einfachere Informationsaufnahme erlauben und mobil verfügbar sind. 45 Prozent der privaten Smartphone-Nutzer, die per Mobilgerät nach lokalen Informationen suchen, setzen sich mit dem Unternehmen in Verbindung (vor Ort, im Web); fast die Hälfte der Nutzer hat im Anschluss einen Kauf getätigt.

Die Digitalisierung des menschlichen Alltags und die daraus resultierende Affinität der Konsumenten zu Onlineinhalten ist dabei, unsere Gewohnheiten in puncto Informationsaufnahme zu verändern.

Noch wissen wir nicht allzu viel über die Zusammenhänge zwischen verändertem Leseverhalten und Informationsaufnahme. Klar scheint jedoch, dass online-affine Leser sprunghaft Informationen überfliegen. Auch lassen sich Leser auf Onlinemedien schneller ablenken als auf mobilen Geräten, wie die Neurowissenschaftlerin Maryanne Wolf in einem Essay für Harvard Business beschreibt.[5]

2. Wie nehmen Menschen Content wahr?

Die Revolution der Digital- und Onlinemedien verändert nicht nur die Medien. Auch die Rezipienten verändern ihr Verhalten und passen es an. Ein verändertes Nutzerverhalten hat wiederum Einfluss auf die weitere Entwicklung der Medien – der Kreislauf von Medienentwicklung, Content-Wahrnehmung und Medienkonsum schließt sich wieder.

Wahrnehmungsprozess

Um zu verstehen, wie Menschen Informationen wahrnehmen und warum die Rezipienten ihr Verhalten ändern, ist es essentiell, den Wahrnehmungsprozess zu verinnerlichen. Darin liegt nämlich der Grundstein für die Wahrnehmungsvorteile von Augmented Reality. Denn jegliche Gestaltung von Augmented-Reality-Applikationen orientiert sich an den grundlegenden Funktionen der menschlichen Informationsverarbeitung.

„Wahrnehmung lässt sich definieren als ein bio-psycho-sozialer Vorgang, durch den der Mensch Informationen aus seiner Umwelt (äußere Wahrnehmung) und aus seiner emotional-psychischen Welt (innere Wahrnehmung, Gefühlswelt) erhält und sich daraus seine individuelle Wirklichkeit gestaltet (Welt-Sicht)."[6]

Grundsätzlich lässt sich eine innere und eine äußere Wahrnehmung unterscheiden. Die Erforschung, wie Reize über die verschiedenen Sinne des Menschen wahrgenommen und verarbeitet werden, ist Bestandteil der äußeren Wahrnehmung. Von außen aus der Umwelt kommende Sinnesreize werden dabei über die Rezeptoren des Sinnesorgans (z. B. das Auge) an das entsprechende Zentrum (in diesem Fall das Sehzentrum) des Gehirns weitergeleitet (Rezeptorzellen sind sensible

Neuronen oder Sinneszellen, die einen Reiz aufnehmen und in eine Nervenerregung umsetzen.[7])

Grundsätzlich kennt die menschliche Wahrnehmung fünf Sinne:

Sinne

DIE FÜNF SINNE

- Sehsinn (visuell)
- Hörsinn (akustisch)
- Tastsinn (haptisch)
- Riechen (olfaktorisch)
- Schmecken (gustatorisch)

Seh- und Hörsinn können aufgrund ihrer Wichtigkeit auch als höhere Sinne eingeordnet werden.[8]

Unser Gehirn lernt aus der Informationsflut

Medienfragmentierung

Durch die Zunahme der Medien sowie durch die Medienfragmentierung entsteht bei den Rezipienten eine Informationsüberlastung bei der Wahrnehmung. Einfach ausgedrückt: Es strömen zu viele Informationen auf die Menschen ein, als dass sie diese einordnen und verarbeiten könnten. Viele Informationen kommen also erst gar nicht bei den Empfängern an.

War früher die Medienauswahl auf Konsumenten- wie auch auf Unternehmensseite auf einige Kanäle beschränkt, so kann in der modernen Medienlandschaft aus einem kaum überschaubaren Angebot ausgewählt werden.

Amerikanischen Studien zufolge lag beispielsweise das Informationsangebot in den USA bereits zwischen 1980 und dem Jahr 2000 im Schnitt jährlich 260 Prozent über der Zunahme des Informationskonsums.[9]

Um ein Gefühl dafür zu bekommen, was wahrgenommen wird, können Zahlen aus der Werbung herangezogen werden. Dort findet eine hohe Informationsüberlastung statt. Nur 5 Prozent der gedruckten Werbung erreichen ihre Rezipienten.[9] Somit kommen 95 % der Informationen, die Unternehmen auf die Reise schicken, nicht bei ihren Zielgruppen an.

Reizüberflutung

Diese Reizüberflutung wird durch weitere Zahlen aus der Werbung verdeutlicht. Verursacht wird diese – neben der bereits beschriebenen Medienfragmentierung – ganz konkret durch u. a.:

ZAHLEN UND FAKTEN

- jährlich ca. 350.000 Printanzeigen
- 26.000 neue Produkte
- 75.000 neue Bücher
- 50.000 in Deutschland beworbene Marken[10]

Kommunikationsinstrumente

Informationsaufnahme

Rezipienten wenden sich lediglich knapp 2 Sekunden den Inhalten einer Anzeige in Publikumszeitschriften zu, für deren volle Informationsaufnahme 35 bis 40 Sekunden erforderlich wären. Ähnliches gilt für andere Kommunikationsinstrumente, wie beispielsweise das Plakat, dem durchschnittlich gerade einmal 1,5 Sekunden Aufmerksamkeit geschenkt wird.

Rezipienten selektieren Content, weil der Informationsaufnahmespeicher im menschlichen Gehirn begrenzt ist. Damit Botschaften ankommen, müssen sie die selektiven Prozesse und filternden Elemente durchbrechen. Dafür sind bestimmte Voraussetzungen notwendig – wie Aufmerksamkeit, Involvement und Aktivierung.

Aufmerksamkeit
Involvement
Aktivierung

Augmented Reality kombiniert die Sinne

Haptik

In der visuellen Kommunikation steht der Sehsinn im Vordergrund, ergänzt durch akustische Informationen. Augmented Reality kombiniert einen weiteren Sinn: die Haptik. Dabei geht es um sensorische und motorische Aktivitäten. Die haptische Wahrnehmung ermöglicht den Nutzern, Objekte zu erfühlen – beispielsweise deren Größe, Oberflächenstruktur oder Konturen.

SINNE DER HAPTISCHEN WAHRNEHMUNG

- taktile Wahrnehmung (Oberflächensensibilität)
- kinästhetische Wahrnehmung (Tiefensensibilität)
- Temperatur- und Schmerzwahrnehmung

In der Wahrnehmungspsychologie ist es üblich, den Tastsinn in taktiles und haptisches Wahrnehmen aufzuteilen. Bei der taktilen Wahrnehmung, dem passiven Berühren eines Gegenstands, spielt das Erkunden eine Rolle.[8] Dabei wird beispielsweise festgestellt, ob etwas warm oder kalt ist. Die Wahrnehmung erfolgt über unterschiedliche Rezeptoren, die in verschiedenen Regionen der Haut vorhanden sind.

Die haptische Wahrnehmung – das aktive Tasten – erspürt das Material, die Oberfläche und vor allem die Form von Gegenständen. Zu den Empfindungen der Haut kommt hier die eigene Bewegung des Körpers hinzu, bekannt als Kinästhesie oder Propriozeption.

> „Das Zusammenspiel von taktilem und haptischem Wahrnehmen dient einerseits dem Erkunden und ist andererseits Voraussetzung des Handhabens von Gegenständen."[8]

Etwas zu erkennen, es wahrzunehmen, ist eine Sache. Dies bedeutet nicht gleichzeitig, dass es für uns interessant ist und wir uns damit beschäftigen. Nachdem unsere Sinne einen Reiz aufnehmen, entscheidet unser Gehirn, ob wir uns mit den Inhalten bewusst befassen.

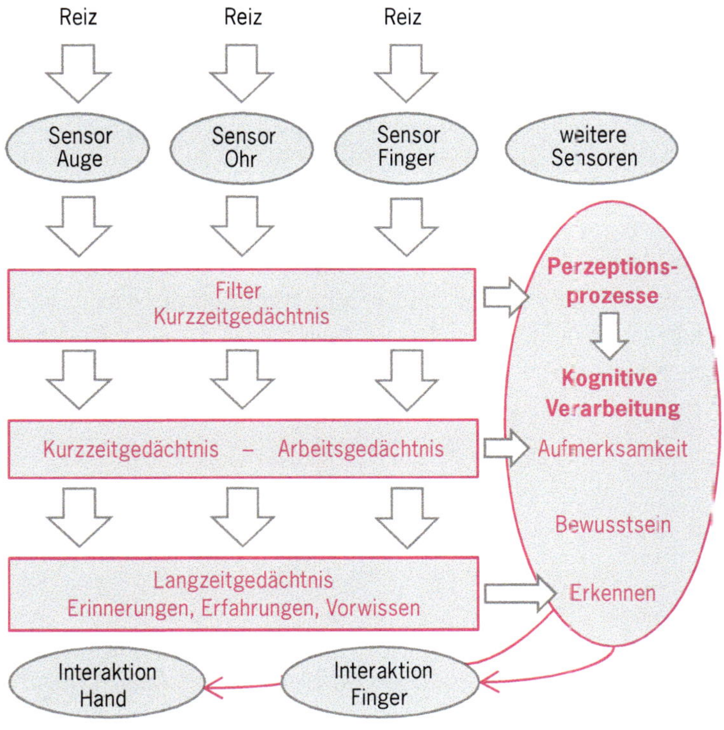

Abb. 20: Stufen der Wahrnehmung
Quelle: Eigene Darstellung, in Anlehnung an Dahm (2005)[19]

Gelangen die Reize in unser Bewusstsein und lösen sie eine Handlung aus? Gelingt es mithilfe von Augmented Reality, den Content an den Filtern vorbei ins Bewusstsein zu bringen und den Benutzer zur Interaktion zu verführen? Neben vorhandenem Wissen und bereits gemachten Erfahrungen spielt die Aktivierung des Organismus eine entscheidende Rolle (→ Kapitel 3, S. 69). Gleichzeitig müssen wir es dem User so einfach wie möglich machen, dass er sich intensiv mit unseren Inhalten befassen kann. Dazu gehört neben interessantem und nützlichem Content ein intuitives Bedienkonzept. In → Kapitel 5, S. 130 befassen wir uns näher mit den kognitiven Voraussetzungen, wenn wir die Themen User Interface und User Experience beleuchten.

Wenn wir Gegenstände erkunden oder bedienen, dann berühren wir die Objekte (sensorisch) und bewegen sie (motorisch). Um zu erlernen, wie Produkte funktionieren und wie sie sich bedienen lassen, ist das aktive Erkunden und Bewegen wesentlich.

Dies ist ein zentraler Vorteil von Augmented Reality, denn die Inhalte werden nicht nur passiv konsumiert, sondern sie werden mit mehreren Sinnen erfasst und lösen durch Interaktion und Animation motorische Aktivitäten aus. Sie werden bewusst wahrgenommen und erlebt.

Visuelle und haptische Inhalte ergänzen sich. Was das Auge sieht, möchte die Hand ergreifen. Der Benutzer ist dabei eingebunden und gestaltet den Content selbst mit. Obwohl die mit Augmented Reality dargestellten virtuellen Objekte lediglich auf dem Display der Mobilgeräte berührt werden, entsteht durch die Möglichkeit von Drehen und Klicken eine haptische Wahrnehmung des Gegenstands.

Ein Buch beispielsweise – also ein haptischer Gegenstand – lässt sich mit Augmented Reality digital erweitern. Gelingt es, Bewegtbilder oder dreidimensionale Objekte mit dem Buch zu verknüpfen, können bis zu drei Sinne (in diesem Beispiel Sehen, Hören und Tasten) aktiviert werden. In der Erweiterung von gedruckten Medien mit Augmented Reality kann demzufolge von einer Kombination aus haptischen und digitalen Elementen gesprochen werden.[11] Physische Informationen werden durch computergenerierte Signale ergänzt und erweitert. Häufig wird von einer erweiterten Wahrnehmung gesprochen: der *Augmented Perception*.[12] Bei genauerer Betrachtung entspricht dies eher dem, was Augmented Reality ist. Die Erweiterung findet auf dem Display des Mobilgeräts und in unserer eigenen Wahrnehmung der Realität statt.

Augmented Perception

Diese Form der Verknüpfung der Online- und Offlinewelt wird beispielsweise beim multisensorischen Lernen eingesetzt. Weil beim Betrachter mehrere Sinne angesprochen werden, führt dies zu einer intensiveren Informationsspeicherung und dadurch zu einer höheren Erinnerungsfähigkeit.

Der gesteigerte Nutzen durch multisensuale Ansprache wird in der Multisensorik-Forschung deutlich, die mittlerweile in der Hirnforschung an Bedeutung zugenommen hat. Der Neuromarketing-Forscher Hans-Georg Häusel beispielsweise beschreibt, dass sich die verschiedenen Wahrnehmungskanäle gegenseitig beeinflussen und dass Botschaften, die zeitgleich über verschiedene Wahrnehmungskanäle eingespielt werden, vom Gehirn um ein Mehrfaches verstärkt werden. Dieser Effekt wird in der Neurowissenschaft *Multisensory Enhancement* genannt.[13]

Multisensory Enhancement

Für die Konzeption von Augmented Reality sind Seh-, Hör- und Tastsinn die wichtigsten Sinne. Die Wahrnehmung des in AR-Anwendungen enthaltenen Contents wird über Augen, Ohren und Hände (bzw. Haut) aufgenommen.

3. Visuelle Kommunikation mit Augmented Reality

Im Gegensatz zu Sprache oder Text können mit den Medien der visuellen Kommunikation mehrere Sinne gleichzeitig angesprochen werden. Welche Vorteile dies in den PR wie auch in anderen Bereichen haben kann, beschreiben die renommierten Verhaltensforscher Werner Kroeber-Riel und Franz-Rudolf Esch. Sie sehen den Nutzen für die Konsumenten darin, dass sie sich bei der Aufnahme und Verarbeitung von Bildern weniger anstrengen müssen.

Multisensuale Instrumente schaffen also einen größeren Erlebnis- und Unterhaltungswert gegenüber rein sprachlichen Informationen.[9] Damit kann im Marketing- und PR-Bereich eine stärkere Aktivierung der Konsumenten erzielt werden.

Geht es um die Informationsaufnahme, so hat Bildkommunikation Vorteile im Vergleich zu Textkommunikation. Deutlicher wird dies, wenn Unternehmen mit ihren Botschaften Emotionen auslösen wollen.[14]

Visuelle Kommunikation eignet sich besonders gut für die emotionale Ansprache der Zielgruppen. Wer in Marketing und PR das Ziel hat, Framings und Marken zu gestalten, der bedient sich auch der Instrumente Bild und Bewegtbild.

> „Der sprachliche Ausdruck ‚gefährliche Klapperschlange' entfaltet weniger emotionale Kraft als die Abbildung der Schlange."[15]

Bei logischen Darstellungen oder abstrakten Zusammenhängen kann man jedoch auch mit Bildkommunikation an Grenzen stoßen. In solchen Fällen können verschiedene Kommunikationsmittel kombiniert werden. Ein Bild kann zur Erklärung schwieriger Zusammenhänge mit einem Text ergänzt werden. Dasselbe schaffen Audioeinspielungen beim Bewegtbild. Der Vorteil zeigt sich in einer sehr differenzierten Ansprache der Rezipienten – Bild für visuell geprägte Menschen, Schrift für textorientierte Nutzer.

Um Informationen zu übertragen wie in einem Geschäftsbericht und gleichzeitig verständlich und unterhaltend zu kommunizieren, setzt Augmented Reality die passenden Elemente ein: Bild, Bewegtbild, Audio, Text und 3D-Modelle. So können je nach Ziel eher unterhaltsame oder wissensvermittelnde Anwendungen geschaffen werden. Entsprechend werden komplexe Vorgänge mit virtuellen Objekten und zusätzlich mit Audioeinspielungen oder Texthinweisen versehen.

3D-Kommunikation mit virtuellen Objekten

Neben Bildern und Video bietet Augmented Reality die Möglichkeit, virtuelle, dreidimensionale Objekte einzublenden – jegliche Gegenstände der realen Welt wie beispielsweise ein Möbelstück, ein Auto oder ein ganzes Gebäude.

Die virtuellen Objekte sind in der realen Umgebung nicht vorhanden, die Realität wird digital erweitert. Ein Beispiel dafür sind die virtuellen Eisbären in → Abb. 21, die in die reale Umgebung eingeblendet und auf mobilen oder stationären Bildschirmen sichtbar werden.

Abb. 21: Virtuelle Eisbären in Arctic Home von Coca-Cola und WWF Quelle: Appshaker (2013)

Die virtuellen Inhalte sollten sich möglichst nahtlos in die reale Umgebung einfügen, damit der Betrachter beides als Einheit wahrnimmt. Während das Bild in einem Printmedium lediglich zweidimensional erscheint, bietet die Einbindung virtueller Objekte mit Augmented Reality den Vorteil einer dreidimensionalen Erscheinung.

Abb. 22:
Augmented Reality in Fußballübertragungen
Quelle: Eigene Darstellung von ZDF-Ausstrahlung (2012)

Ein weiteres Beispiel der Einbindung virtueller Objekte zeigt → Abb. 22. Hierbei handelt es sich um die virtuell einblendete gelbe Abseitslinie in der Liveübertragung eines Fußballspiels.

Mithilfe der Linie kann für den Zuschauer visualisiert werden, ob sich ein Spieler im Abseits befindet oder nicht. Marketing und PR erhalten durch virtuelle Einblendungen eine Vielzahl an Möglichkeiten zur Visualisierung von Themen.

Augmented Reality schafft mehr Aufmerksamkeit

Für eine erfolgreiche Kommunikation ist es wichtig, sich der Informationsüberlastung der Rezipienten sowie der Aufmerksamkeitskonkurrenz der Medien bewusst zu sein. Augmented Reality kann mit multisensualer Ansprache durch Kombination verschiedener Sinne eine höhere Aufmerksamkeit erreichen. Marketing- und PR-Instrumente müssen derart gestaltet sein, dass sie auffallen, um die Botschaften an die Zielgruppen zu bringen.[16] Dazu betrachten wir die drei Bausteine Aktivierung, Aufmerksamkeit und Involvement näher.

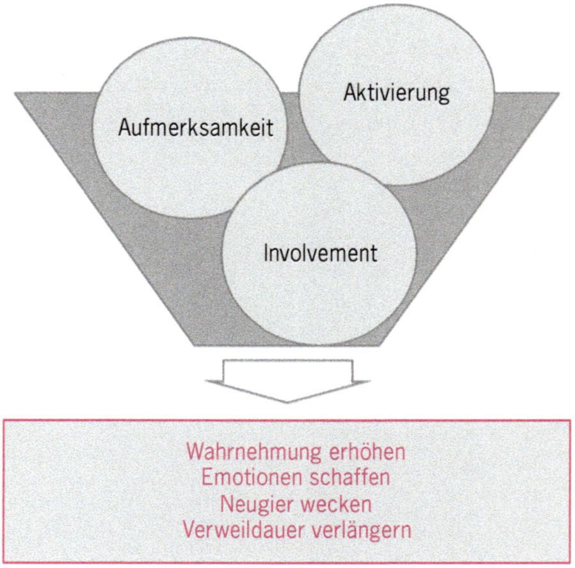

Abb. 23: Wirkungs- und Wahrnehmungsbeeinflussung
Quelle: Eigene Darstellung, in Anlehnung an Berzler (2009)[16]

Aufmerksamkeit ist der Beginn des Wahrnehmungsprozesses. Das bedeutet: Der permanente Fluss unbewusst registrierter Reize wird durch Zuwendung zu einem Reiz unterbrochen.[16] Der Mensch konzentriert sich bei Aufmerksamkeit auf bestimmte Stimuli und Reize, die dadurch eine größere Chance haben, im Gedächtnis zu bleiben.

„Mit Aufmerksamkeit werden alle Formen der Selektion erklärt: von der Wahl eines Mediums und einer bestimmten Sendung bis zur Beachtung bestimmter Inhalte und der Fixation auf ein konkretes Bildareal."[17]

Emotionen

Bottom-up-Attention

Häufig wird in der visuellen Kommunikation die Aufmerksamkeit mit Farben, Geräuschen oder Emotionen geschaffen (reizgesteuerte Aufmerksamkeit). Die kognitive Psychologie spricht dabei von *Bottom-up-Attention*, bei der die Stimuli angesprochen werden.[18] Mit Augmented Reality könnte ein Produkt in leuchtenden Farben oder begleitet von lauten Geräuschen dargestellt werden.

Top-down-Attention

Daneben gibt es eine fokussierte Aufmerksamkeit, die vom Menschen selbst gesteuert ist und durch Bedürfnisse, Erwartungen und Interessen geweckt wird.[9] Bei der *Top-down-Attention* wird der Content bewusst wahrgenommen, weil z. B. bestehende Erwartungen oder vorhandenes Vorwissen angesprochen werden. Sehr interessant für Augmented-Reality-Anwendungen ist die kontext-sensitive Information. Die Wahrnehmung kann intensiviert werden, wenn Inhalte in einem Zusammenhang stehen. Genau dies ermöglicht Augmented Reality: die Einblendung von Zusatzinformationen in Echtzeit und im Kontext zur realen Umgebung.

„Aktivierung ist eine Grunddimension aller Antriebsprozesse. Es handelt sich dabei um einen Erregungsvorgang, durch den das Individuum leistungsbereit und -fähig wird.“[19]

Eine kommunikative Botschaft kann bei Rezipienten verschiedene Wirkungen verursachen. Zunächst beruhen diese beispielsweise auf bisherigen Erfahrungen, dem vorhandenen Wissen und der Einstellung auf Rezipientenseite. Es gibt aber auch Faktoren, mit denen sich die Wirkung von Marketing- und PR-Arbeit in bestimmtem Maße beeinflussen lässt. Dazu sind aktivierende Elemente und das bereits erwähnte Involvement notwendig.

Je nach Aktivierungsgrad zeigt sich, wie wach, reaktionsbereit und leistungsfähig der Organismus ist. Aktivierungsprozesse gliedern sich wie folgt:[20]

AKTIVIERUNGSPROZESSE

- **Aktivierende Vorgänge** führen zu Erregung und bestimmen, ob und in welchem Maße ein Individuum aktiv wird.
- **Kognitive Reizprozesse** werden als Informationsverarbeitung bezeichnet. Informationen werden aufgenommen, verarbeitet und gespeichert.

Von der Aufmerksamkeit zur Begeisterung

Durch aktivierende Prozesse und Reize kann die Aufmerksamkeit vorübergehend erhöht werden. Aktivierung ist deshalb auch eine Voraussetzung für Aufmerksamkeit. Je größer die Aktivierungskraft eines Marketing- oder PR-Instruments ist, desto mehr steigen dessen Chancen, von den Rezipienten beachtet und genutzt zu werden. Dasselbe trifft auch auf den eingesetzten Content zu. Die folgenden Reize stehen für eine Aktivierung zur Verfügung:

REIZE

- **Physisch intensive Reize**
  Darunter fallen z.B. grelle Farben, laute Geräusche und intensive Gerüche.
- **Emotionale Reize**
  Emotional bedeutet starke innere Erregung und damit ein Erleben der Emotionen.
- **Kognitiv überraschende Reize**
  Hierbei handelt es sich vor allem um eine Aktivierung durch neuartige und überraschende Reize.

Unter Involvement versteht man das Engagement, mit dem sich jemand einem Gegenstand oder einer Aktivität zuwendet.[9] Auf die Bereiche Marketing und PR angewendet, geht es darum, in welchem Maße sich jemand der Kommunikation, also den gesendeten Botschaften und Inhalten, zuwendet. Ein geringes Involvement (Low Involvement) bedeutet, dass die Rezipienten die angebotenen Informationen lediglich mit geringer Aufmerksamkeit aufnehmen.

Die Reize, die mithilfe der Instrumente gesetzt werden, wirken allerdings nur auf das reizabhängige Involvement, das für das Verhalten der Rezipienten eine geringere Rolle spielt als von eigenen Interessen gesteuertes und situationsbedingtes Involvement. Aus diesem Grund müssen Medien derart gestaltet sein, dass beispielsweise die aktivierenden Elemente einer Anzeige oder einer Broschüre die Aufmerksamkeit der Rezipienten auf die wichtigsten Inhalte des Instruments lenken, z.B. auf die Kernaussage, die Botschaft oder den Slogan.

Die Chance auf eine stärkere und längere Wahrnehmung bei den Rezipienten und damit folglich auf eine wirkungsvolle Kommunikation ist abhängig davon:[19]

- ob mehr Emotionen und emotionale Erlebnisse geschaffen werden, z.B. durch Ansprache mehrerer Sinne,
- ob die Darstellungen und Medien unerwartet und neuartig sind, z.B. durch den Einsatz virtueller Objekte,
- ob bessere Erlebniswelten konstruiert werden.

Auf den ersten Blick scheinen die überraschenden Reize wie geschaffen für Augmented Reality – eine Technologie, die Einzug in Marketing und PR hält und eine neuartige Form der visuellen Darstellung ermöglicht. Der Fokus sollte dabei auf der Überraschung durch die Möglichkeiten an Interaktion und daraus folgend zu einem hohen Involvement führen. Die Neuartigkeit von AR sollte eher zweitrangig sein, wenn es um die Auswahl des geeigneten Mediums geht.

Die überraschenden Reize sorgen vor allem kurzfristig für große Aufmerksamkeit und aktivieren somit den Benutzer. AR kann die Rezipienten mit emotionalen Reizen einbinden und sie in Erlebniswelten versetzen. Die spielerische Art der Informationsvermittlung und eine entsprechende Usability und Didaktik orientieren sich an der Aktivierung im Gaming.

LESETIPPS

- Schönhammer, Rainer (2009): *Einführung in die Wahrnehmungspsychologie: Sinne, Körper, Bewegung.* UTB Verlag
- Sternberg, Robert/Mio, Jeff (2008): *Cognitive Psychology.* Andover/Great Britain: Cengage Learning
- Kroeber-Riel, Werner/Esch, Franz-Rudolf (2011): *Strategie und Technik der Werbung; Verhaltenswissenschaftliche und neurowissenschaftliche Erkenntnisse.* Kohlhammer, Edition Marketing.

Anmerkungen

1 ARD/ZDF (2015): *ARD – ZDF Onlinestudie: Mediennutzung.* Abgerufen am 15.02.2015 von http://www.ard-zdf-onlinestudie.de/index.php?id=353.

2 Hilbert, Martin/López, Priscila (2011): *The World's Technological Capacity to Store, Communicate, and Compute Information.* In: Science. 332 (6025), S. 60–65, doi: 10.1126/science.1200970.

3 Pingdom (2011): *Internet 2011 in numbers.* Abgerufen am 29.09.2014 von http://royal.pingdom.com/2012/01/17/internet-2011-in-numbers/.

4 Google Inc. (2013): *Unser mobiler Planet: Deutschland. Der mobile Nutzer.* Abgerufen am 14.02.2015 von http://www.bvdw.org/medien/google-ueber-den-deutschen-smartphone-nutzer?media=3923.

5 Wolf, Maryanne (2014): *Our 'Deep Reading' Brain: Its Digital Evolution Poses Questions.* Niemann Foundation for Journalism at Harvard. Abgerufen am 06.02.2015 von http://www.nieman.harvard.edu/reports/article/102396/Our-Deep-Reading-Brain-Its-Digital-Evolution--Poses-Questions.aspx.

6 Kulbe, Annette (2009): *Grundwissen Psychologie, Soziologie und Pädagogik: Lehrbuch für Pflegeberufe.* Stuttgart: W. Kohlhammer Verlag.

7 Ling, Werner (2012): *Biologie.* Abgerufen am 11.12.2014 von http://www.scheffel.og.bw.schule.de/faecher/science/biologie/nervenphysiologie/94sinneszelle/rezeptorzelle.htm.

8 Schönhammer, Rainer (2009): *Einführung in die Wahrnehmungspsychologie: Sinne, Körper, Bewegung*. Stuttgart: UTB Verlag.

9 Kroeber-Riel, Werner/Esch, Franz-Rudolf (2011): *Strategie und Technik der Werbung; Verhaltenswissenschaftliche und neurowissenschaftliche Erkenntnisse*. 7. vollst. überarb. Aufl. Stuttgart: Kohlhammer.

10 Scheier, Christian/Held, Dirk (2008): *Die Neuro-Logik erfolgreicher Markenkommunikation*. In: Häusel, Hans-Georg (Hrsg.) *Neuromarketing. Erkenntnisse der Hirnforschung für Markenführung, Werbung und Verkauf*. Planegg/ München: Haufe Verlag S. 87–123.

11 Mehler-Bicher, Anett/Reiß, Michael/Steiger, Lothar (2011): *Augmented Reality Theorie und Praxis*. München: Oldenbourg Verlag

12 Heiden, Wolfgang (2005): *Augmented Reality: Erweiterung der Wahrnehmung von Realität um virtuelle Komponenten*. Abgerufen am 15.12.2014 von http://www2.inf.fh-rhein-sieg.de/mi/lv/mbc-1/aktuell/11_vr/emi-11.pdf.

13 Häusel, Hans-Georg (2008): *Neuromarketing. Erkenntnisse der Hirnforschung für Markenführung, Werbung und Verkauf*. Planegg/München: Haufe Verlag.

14 Khazaeli, Cyrus Dominik (2005): *Systemisches Design, Intelligente Oberflächen für Information und Interaktion*. Reinbek: Rowohlt Taschenbuch Verlag.

15 Kroeber-Riel, Werner (1993): *Bildkommunikation. Imagerystrategien für die Werbung*. München: Vahlen.

16 Berzler, Alexander (2009): *Visuelle Unternehmenskommunikation: Beiträge zur Medien- und Kommunikationsgesellschaft*. Innsbruck: Studienverlag.

17 Ballstaedt, Steffen-Peter (2005): *Kognition und Wahrnehmung in der Informations- und Wissensgesellschaft*. In: Kübler, Hans-Dieter/Elling, Elmar (Hrsg.) *Wissensgesellschaft. Neue Medien und ihre Konsequenzen*. Berlin: Bundeszentrale für politische Bildung, S. 1–15.

18 Sternberg, R. J./Mio, J. (2008): *Cognitive Psychology*. 5. Auflage, Andover/ Great Britain: Cengage Learning.

19 Kroeber-Riel, Werner/Weinberg, Peter/Gröppel-Klein, Andrea (2008): *Konsumentenverhalten*. 9. Auflage, München: Vahlen.

20 Dahm, Markus (2005): *Grundlagen der Mensch-Computer-Interaktion*. Auflage: 1. München u. a.: Addison-Wesley Verlag.

Kapitel 4
Wie kann AR bestehende Kommunikations- und Marketinginstrumente erweitern?

UM DAS GEHT'S!

- Stationäre und mobile Systeme: Wo lässt sich AR erfolgreich einsetzen?
- Content und Konzept: Was macht einen guten AR-Case aus?
- VW Passat oder Tesla Roadster? Datenbrille ist nicht gleich Datenbrille.
- Was sind Beacons und wie lassen sie sich mit Augmented Reality einsetzen?

1. Stationäre AR-Systeme

Einsatz am Point-of-Sale

Ein großer Vorteil stationärer AR-Anwendungen besteht darin, dass Benutzer meist ein bereits fertig konfiguriertes System vorgesetzt bekommen – sie also von besseren Systemkomponenten profitieren als bei mobilen Anwendungen. Zudem ermöglicht die höhere Rechenleistung stationärer Terminals aufwendigere Effekte und Interaktionsmöglichkeiten.

PRAXISIMPULS

Point-of-Sale (POS)

Gerade im Handel sind Kaufentscheidungen stark von Produkterlebnissen getrieben, welche Kunden am Point-of-Sale (POS) haben. Für Konsumgüterhersteller bietet Augmented Reality die interessante Möglichkeit, Produkte effektiv in Szene zu setzen, indem diese vor dem Kauf ausprobiert werden können, beziehungsweise deren Einsatz in einer realen Situation vorgeführt wird.[1]

3D-Modelle

So können bei stationären Anwendungen in einem Laden Produktverpackungen (oder andere Marker) vor einen Bildschirm gehalten werden, um so AR-Elemente (in vielen Fällen 3D-Modelle) auszulösen, mit denen der Benutzer interagieren kann (→ Lego-Case).

Aber auch für Shopping zu Hause am eigenen Rechner werden Augmented-Reality-Anwendungen gerne eingesetzt – und das aus einem einfachen Grund. Durch AR wird ein Produkt für Kunden erlebbarer, als wenn sie einfach ein Bild davon sehen und sich keine genaue Vorstellung davon machen können (→ Tissot-Case). Obwohl sie die Produkte zu Hause zwar immer noch nicht halten oder berühren können, wird versucht, sie so nahe wie möglich an das physische Produkterlebnis in einem Laden heranzuführen. Gerade im Onlineversandhandel steckt natürlich Kalkül dahinter: Denn je genauer sich Kunden zu Hause über bestimmten Artikel informieren können, desto geringer fällt die Rücksendungsquote aus. Für Online- und Versandhändler ist das ein sehr wichtiger Faktor, denn Retouren wirken sich einerseits negativ auf den Umsatz des Unternehmens aus und steigern zudem die Personal- und Prozesskosten.[2]

CASE: LEGO DIGITAL BOX

Ziele und Inhalte

Kunden interessiert, was in einer Verkaufspackung steckt – ganz besonders im Spielwarenhandel. Größe, Lieferumfang, Farben: Kaufentscheidungen im Handel sind stark vom Produkterlebnis getrieben, welches der potenzielle Käufer am Point-of-Sale hat. Im Idealfall möchten die Kunden das Produkt zumindest in die Hand nehmen können, um es von allen Seiten zu betrachten. Lego nutzt Augmented Reality, um die Produkte und deren Eigenschaften darzustellen und so Information mit Faszination zu verbinden. Für die Händler bedeutet dies, dass sich die Käufer intensiver mit den Produkten befassen, wodurch die Kaufabsicht gestärkt wird.

AR

Abb. 24:
Lego Digital Box am Point-of-Sale
Quelle: Metaio

Benefit

- Interaktive Kundenansprache am Point-of-Sale
- Visuelle Darstellung von Packungsinhalten und Produkteigenschaften
- Käufer aktiv einbinden und Kaufabsicht stärken

Unternehmen
Lego Group
Umsetzung
Metaio, seit 2009

CASE: DER MOBILE UHRENSHOP VON TISSOT

Ziele und Inhalte

Auf Websites oder in Katalogen sind Uhren perfekt in Szene gesetzt. Doch wie sieht die Uhr bei mir am Arm aus? Zu groß, zu sportlich? Der Uhrenhersteller Tissot bietet seinen Kunden eine einfache und mobile Möglichkeit, 28 Uhren aus der Tissot-Kollektion auszuprobieren. Die Kunden drucken ein Papierarmband aus, befestigen es am Handgelenk und halten dieses vor die Kamera. Auf dem Bildschirm erscheint dann das ausgewählte Modell. So kann die komplette Produktvielfalt präsentiert werden, was sowohl den eigenen Sales-Mitarbeitern als auch Juwelieren bei Beratungsgesprächen hilft. Zudem können auch jüngere Kunden gewonnen werden, die sonst keinen Edel-Juwelier betreten würden.

Abb. 25: Virtuelle Anprobe aus der T-Touch-Serie von Tissot
Quelle: Holition

Benefit

- Virtuelle Uhrenanprobe
- Junge Zielgruppen werden an Marke herangeführt
- App erklärt die Funktionen der Uhren

Unternehmen

Tissot

Umsetzung

Holition, 2010

Einsatz bei Live-Präsentationen

PRAXISIMPULS

Bei Live-Präsentationen erweisen sich stationäre AR-Anwendungen als äußerst nützlich: Dadurch lassen sich auch Produkte und Gegenstände visualisieren, die häufig aufgrund von Größe, Gewicht oder auch wegen Sicherheits- oder Transportproblemen nicht vorgeführt werden können.

Früher war das nur via Bild oder Video möglich. Durch AR kann nun aber auch mit den Objekten interagiert werden. Bei einer Live-Präsentation beispielsweise wird der Moderator von einem Kamerasystem erfasst und der Livestream mit virtuellen Objekten angereichert. Das entstehende Gesamtbild wird dann für die Zuschauer auf eine Leinwand oder einen Großbildschirm projiziert. Der Moderator kann nur während der Präsentation mit den virtuellen Objekten „spielen" – sie also z. B. aus verschiedenen Perspektiven zeigen, hinein- oder wieder herauszoomen etc. (vgl. → Alstom-Case). Gerade für Unternehmen und Organisationen mit erklärungsbedürftigen Produktportfolios oder Strukturen bietet sich so die Möglichkeit, komplexe Sachverhalte verständlich darzustellen und zu visualisieren.

Übrigens wird diese Technik auch von einigen Fernsehsendern genutzt. Ein gutes Beispiel hierfür ist die Wirtschaftssendung *ECO* vom Schweizer Fernseh- und Rundfunksender SRF (→ ECO-Case).

CASE: AUGMENTED REALITY LIVE PRESENTATION

Ziele und Inhalte

Um die neue Corporate-Strategie zu präsentieren, wollte der Energie- und Transportriese Alstom einen bleibenden Eindruck hinterlassen. Aus diesem Grund kreierte Total Immersion eine Augmented-Reality-Präsentation, um Alstoms Vision der Zukunft mit 700 der weltweit wichtigsten Manager zu teilen. Unter der Moderation von CEO Patrick Kron erstand eine 3D-Stadt der Zukunft aus der Bühne auf. Mithilfe einer Serie von Augmented-Reality-Effekten war Kron fähig, einen hydro-elektrischen Damm in seiner Hand zu halten oder mit einem Wisch ein U-Bahn-System zu enthüllen. Die Präsentation endete mit der Bühnen-Enthüllung eines Hochgeschwindigkeitszugs im Maßstab 2 zu 3.

Abb. 26: Patrick Kron präsentiert die Corporate-Strategie mithilfe von Augmented Reality. Quelle: Printscreen aus YouTube-Video

Benefit

- Interaktive Live-Präsentation mit Onstage-Tracking des Moderators
- Detaillierte und maßstabsgetreue Visualisierung
- Neue Corporate-Strategie wird für das Publikum zu einem emotionalen Erlebnis

Unternehmen

Alstom

Umsetzung

Total Immersion, 2009

CASE: ECO – EINSATZ VON AUGMENTED REALITY IM TV

Ziele und Inhalte

Das Wirtschaftsmagazin *ECO* von Schweizer Radio- und Fernsehen (SRF) nutzt Augmented-Reality-Grafik seit 2012, um komplexe Sachverhalte und Wirtschaftsdaten eindrucksvoll zu visualisieren. Animierte 3D-Grafiken werden dazu perspektivisch korrekt in die TV-Aufzeichnung integriert. SRF verwendet einen kodierten Kamerakran, der die Positionsdaten der TV-Kamera in Echtzeit an das Grafiksystem übermittelt. Um höchstmögliche Glaubwürdigkeit zu erzielen, sind die 3D-Elemente virtuell korrekt beleuchtet, werfen Schatten auf den Studioboden bzw. spiegeln sich darauf.

Abb. 27: Auf dem Fernsehbildschirm bilden *ECO*-Moderator Reto Lipp, das *ECO*-Set und die AR-Grafiken eine Einheit.
Quelle: SRF/Oscar Alessio

Benefit

- Innovatives TV-Format mit Augmented Reality
- Einprägsame Visualisierung von Sachverhalten, Daten und Größenverhältnissen

Unternehmen

SRF

Umsetzung

SRF, 2012 bis heute

Projection Mapping

Ein weiteres interessantes Anwendungsfeld ist das sogenannte *Projection Mapping* – eine Projektionsart, bei der Bilder und Animationen auf reale Gegenstände projiziert werden (vgl. Cleveland Cavaliers). So verändern sich mit lichtstarken Projektoren Oberflächen von Objekten und Gegenstände geben plötzlich einen Blick ins Innere frei.

CASE: PROJECTION MAPPING: LEINWAND OHNE GRENZEN

Ziele und Inhalte

Im Frühjahr 2014 spannte die Firma Quince Imaging mit dem bekannten Basketball-Team Cleveland Cavaliers zusammen für eine besondere Form von Liveevent. Mithilfe von 3D-Mapping-Technologie und bestehendem Videomaterial des Teams wurde die Oberfläche des Basketballfelds und am Spielfeldrand positionierte Bildschirme als immersive Videoumgebung genutzt. Die Videoinhalte wurden dabei mit den grafischen Designelementen des Spielfelds überlagert. Die Zuschauer wurden aufgefordert, ihren Gedanken und Impressionen zur Show durch Live-Tweets Ausdruck zu verleihen. Diese wurden wiederum auf zwei großen, über der Arena angebrachten Bildschirmen übertragen.

Abb. 28: Durch Projection Mapping wird das Basketballfeld zur Leinwand. Quelle: Quince Imaging

Benefit

- Oberflächen jeglicher Art können als Videoprojektionsflächen genutzt werden
- Statische Objekte erhalten eine neue Dimension und können gekonnt in Szene gesetzt werden
- Viraler Effekt, da Zuschauer ihre Begeisterung mit ihrem sozialen Netzwerk teilen wollen

Unternehmen

Cleveland Cavaliers

Umsetzung

Quince Imaging, 2014

Einsatz bei Messen

Bei Messen ist der Konkurrenzkampf meist groß. Unzählige Besucher drängen sich um diverse Messestände und jeder Anbieter buhlt um die Aufmerksamkeit der Besucher. Daher sind immer innovativere Auftritte gefragt, welche die Standbesucher verblüffen und faszinieren, für eine positive Mund-zu-Mund-Propaganda sorgen und in der Folge noch mehr Publikum herbeilocken.

PRAXISIMPULS

Infotainment

Das Zauberwort heißt also *Infotainment*. Durch die Verschmelzung von Information und Entertainment (siehe auch Flow-Theorie in → Kapitel 5, S. 125) soll ein packendes Bindeglied zwischen On- und Offsite geschaffen werden – so dass der Messeauftritt bei den Besuchern einen bleibenden Eindruck hinterlässt.

Neben der Visualisierung von komplexen Sachverhalten bietet Augmented Reality gerade hier einen weiteren großen Mehrwert: Durch die Möglichkeit zur Interaktion können Besucher und Kunden aktiv eingebunden und so in multisensuelle Erlebniswelten versetzt werden (→ Mercedes Benz-Case).

Auf einem bereitgestellten Terminal oder einem Tablet ein Produkt „röntgen“, selber konfigurieren, Farben verändern, ganze Anlagen neu positionieren – mit AR lassen sich neue Perspektiven entdecken und auch Teile betrachten, die normalerweise nicht sichtbar sind.

Unbeteiligte Zuschauer wiederum können an den Aktionen Einzelner teilhaben, indem man das Geschehen zusätzlich auch noch auf einen Großbildschirm überträgt.

CASE: MERCEDES BENZ – INTERAKTIVES PRODUKTERLEBNIS

Auf → Seite 179 finden Sie einen Bonus-Case zu der Mixed-Reality-Schnitzeljagd von Mercedes Benz.

Ziele und Inhalte

Auf Messen wie der Consumer Electronics Show (CES) herrscht große Aufmerksamkeitskonkurrenz unter den verschiedenen Anbietern. Um sich aus der Masse hervorzuheben, zeigte Mercedes Benz 2014 den Messebesuchern die neue C-Klasse in einer außergewöhnlichen Form: Eine Augmented-Reality-App erweckte das Auto auf dem Messestand zum Leben. Damit war bereits vor der offiziellen Weltpremiere auf der Detroit Motorshow ein Blick auf das digitale Abbild des Fahrzeugs möglich. Während der viertägigen Messe konnten die Besucher und Medienvertreter mithilfe der bereitgestellten iPads damit interagieren, verschiedene Farben auswählen oder anhand einer 360-Grad-Ansicht den Innenraum erkunden – ein klassisches Beispiel von aktiver Einbindung von Messebesuchern mit interaktiven Elementen.

AR

Abb. 29: Mit Augmented Reality die neue C-Klasse von Mercedes Benz erkunden
Quelle: Mercedes Benz

Benefit

- Anziehungsmagnet auf Messen und Events
- Intensive und spielerische Beschäftigung mit Produkten durch Möglichkeit der Interaktion und Eigenaktivität
- Möglichkeit, virtuelle Weltpremieren stattfinden zu lassen bzw. Produkte zu zeigen, die es noch gar nicht gibt (Blick in die Zukunft)

Unternehmen

Mercedes Benz

Umsetzung

Ignition Digital Images, Inc.

Einsatz bei Live Events/Promotionskampagnen

Mittlerweile entdecken immer mehr Agenturen, von PR bis Werbung, die Werbewirksamkeit von Augmented Reality und nehmen die Technologie in ihren Werkzeugkasten auf.

Personalisierung

Was nicht weiter erstaunt, denn: Engagement, Interaktion, Überraschungsmoment, Personalisierung – die Schlagworte zu Augmented Reality scheinen direkt aus einem Marketing-Lehrbuch entnommen zu sein.

Leider steht jedoch noch nichts in besagten Lehrbüchern, was den sinnvollen Umgang mit Augmented Reality betrifft. Denn trotz beinahe unerschöpflicher kreativer Möglichkeiten, welche sich durch die Technologie im Marketingbereich bieten: Wir kratzen hier immer noch an der Oberfläche.

Natürlich: Keine Regel ohne Ausnahme. So gibt es wirklich sehr gute Cases, bei denen sich die Verantwortlichen auf die Stärken von AR besonnen und sich diese zunutze gemacht haben (vgl. Promotionkampagne von Marvel und Walt Disney zum Film *Iron Man 3*, *The Unbelievable Bus Shelter* von Pepsi, das Projekt *Arctic Home* von Coca-Cola und WWF und *The Witness* von 13th Street Universal).

Aber leider sind sie deutlich in der Minderzahl, verglichen mit der Anzahl schwacher Anwendungen, bei denen man sich fragen muss, was genau damit bezweckt werden sollte. Aber wir wollen hier nicht vorgreifen – schließlich beschäftigen wir uns im nächsten → Kapitel noch ausgiebig mit der Frage, was man beim Einsatz von Augmented Reality alles beachten sollte und wo er sich auch wirklich lohnt.

Liveevents beispielsweise stellen einen optimalen Weg dar, direkt und persönlich mit Zielgruppen in Kontakt zu kommen. Sie sind gut geeignet zur Imageförderung, Meinungsbildung und zur Vertiefung der Kundenbindung – wenn sie optimal geplant und perfekt inszeniert sind und den Teilnehmern in positiver Erinnerung bleiben.

Das Marketing-Tool zeichnet sich besonders aus durch Erlebnisorientierung und Interaktivität[3] – zwei Eigenschaften, für welche Augmented Reality prädestiniert ist, wie wir bereits in → Kapitel 3 auf S. 70 gesehen haben.

CASE: IRON MAN 3 – BECOME IRON MAN

Ziele und Inhalte

Für die Promotionkampagne zum Film *Iron Man 3* ließen Marvel und Walt Disney einen Augmented-Reality-Kiosk bauen und begeisterten damit Menschen in 13 Ländern. Auf einem 103-Zoll-Display konnten sich die Nutzer betrachten und in die Rolle des Filmhelden schlüpfen. Die komplette Steuerung fand mit einer Microsoft Kinect statt – per Gestensteuerung konnten Aktionen ausgeführt werde. Die Idee dahinter bestand darin, den Nutzern die Möglichkeit zu geben, einmal Iron Man zu spielen. Sie wurden in die Welt des Blockbusters versetzt und konnten hautnah erleben, was sonst nur Robert Downey Jr. auf der Kinoleinwand zeigt. Der AR-Kiosk schaffte Aufmerksamkeit und einen starken Bezug zum Film.

Abb. 30: Interaktive Erlebniswelt: Teilnehmer schlüpfen in Iron-Man-Rüstung
Quelle: Apache Solutions

Benefit

- Nutzer schlüpfen in die Rolle des Filmhelden
- Starke Bindung an Film und Schauspieler
- Emotionen wecken und Erinnerungsmöglichkeiten schaffen durch Aufnahme von Fotos

Unternehmen

Marvel UK, Walt Disney

Umsetzung

Apache Solutions, 2013

CASE: PEPSI – MIT DEM TIGER AN DER BUSHALTESTELLE

Ziele und Inhalte

Für die Wartenden an einer Londoner Bushaltestelle hatte sich Pepsi einige Überraschungen ausgedacht. Das Display der Haltestelle in der New Oxford Street erschien als normale Glasscheibe. Was dadurch zu sehen war, löste jedoch Staunen aus: In einem Fall öffnete sich ein Kanaldeckel und ein riesiger Tentakel schnappte sich einen wartenden Passanten. Feurige Meteoriten oder UFOs rasten auf die Haltestelle zu und auch ein Tiger lief die Straße herunter. Diese Parallelrealität wurde mit Augmented Reality geschaffen. Nach wenigen Momenten realisierten die Menschen die Kamera, nutzten sie aber dann, um damit zu interagieren und banden sich selbst in die Szenerie ein.

AR

Abb. 31:
Die Scheibe einer Bushaltestelle gibt den Blick auf ankommende UFOs frei.
Quelle: Printscreen aus YouTube-Video von Pepsi

Benefit

- Überraschungseffekt mit viraler Verbreitung
- Engagement der User
- Hohe Aufmerksamkeit für Pepsi Max

Unternehmen

Pepsi

Umsetzung

AMV/BBDO, OMD, Talon, 2014

CASE: ARCTIC HOME – UNSERE WELT ERLEBEN

Ziele und Inhalte

Coca-Cola und WWF erklären in ihrem weltweiten Projekt *Arctic Home*, welchen Einfluss der Klimawandel auf die Arktis hat. Für den Projektstart im Januar 2013 wurde eine AR-Inszenierung im Science Museum in London entwickelt. Die Besucher befinden sich auf einer Eisscholle in der Arktis. Mithilfe von Augmented-Reality-Technologie werden drei Eisbären neben den Teilnehmern eingeblendet. Auf einem großen Bildschirm sehen sich die Zuschauer dann gemeinsam mit den herumtollenden Eisbären. Durch den Einsatz spielerischer Elemente lassen sich so auch ernste und komplexe Themen auf interessante und interaktive Art erzählen.

AR

Abb. 32: Augmented-Reality-Konzept *Arctic Home* im Science Museum London
Quelle: Appshaker

Benefit

- Themen für unterschiedliche Zielgruppen interaktiv erzählen
- Besucher einbinden und für Themen begeistern
- Markenbindung durch emotionale Erlebniswelten

Unternehmen

Coca-Cola, WWF

Umsetzung

Appshaker, 2013

CASE: THE WITNESS – LIVE-EVENT IN GAMING-MANIER

Ziele und Inhalte

2011 führte die deutsche Produktionsfirma 13th Street Universal einen Live-Event in Form eines interaktiven Mobile-Games durch. Für die Teilnahme musste man sich online bewerben. Auf diejenigen, die ausgewählt wurden, wartete eine Mischung aus Real-Life-Game und Film. Der Plot: Die Russin Nadya hat Beweise gesammelt, um die üblen Machenschaften der Russischen Mafia aufzudecken, und hat vor, diese im Internet zu verbreiten. Nun schwebt ihr Leben in Gefahr, da sie von Drogendealern gekidnappt wurde. In einem Mix aus Live-Szenen mit Schauspielern und Videoclips begaben sich die Spieler auf eine Mission quer durch die Stadt Berlin – mit dem Ziel, das explosive Material und Nadya in Sicherheit zu bringen. Während des Spiels diente das Smartphone (mit speziell programmierter App) dazu, sich zu orientieren, Beweise zu sammeln und mit Verbündeten und Gegnern zu kommunizieren.

Abb. 33: Ihre Mission führt die Teilnehmer des Live-Events an verschiedene Schauplätze in Berlin.
Quelle: Jung von Matt/Spree

Benefit

- Exklusiver Live-Event für ausgewählte Teilnehmer
- Verknüpfung von realen Begegnungen, Filmszenen und modernen Technologien für eine neue Art des Story-Telling
- Virale Verbreitung

Unternehmen

13th Street Universal

Umsetzung

Jung von Matt/Spree, 2011

2. Mobile AR-Systeme

In den vorangegangenen Kapiteln sind wir bereits mehrfach auf die Bedeutung von Mobilgeräten für die Entwicklung von Augmented Reality eingegangen.

Smart Devices sind immer noch ein Wachstumsmarkt. Dies zeigen die weltweiten Verkaufszahlen der beiden am häufigsten genutzten Smartphone-Anbieter. So wurden im ersten Quartal 2015 58 Millionen Apple- und 81 Millionen Samsung-Smartphones verkauft.[4]

Dabei steigen nicht nur die Verkäufe der mobilen Geräte. Weltweit nimmt auch die Anzahl der Personen zu, welche das Internet über ihr Smartphone oder Tablett nutzen.[5]

Größter Vorteil von Mobilgeräten beim Einsatz von Augmented Reality, verglichen mit Desktop-Anwendungen oder stationären Terminals, ist die Möglichkeit zur Nutzung unterwegs – sei es durch visuelles Tracking oder durch Location-based Services (LBS).

Terminal

AR in Kombination mit Print und Verpackungsmaterial

Augmented Reality wird in verschiedenen Printsegmenten eingesetzt, um eine vielfältige Palette von Produkten mit zusätzlichem interaktivem und multimedialem Content zu erweitern.

Wie wir bereits in → Kapitel 3 auf S. 59 gesehen haben, hat gerade der Printbereich aufgrund der Entwicklung der digitalen Medien massiv an Bedeutung verloren. Nicht zuletzt wegen eines signifikanten Nachteils, den das Medium nun eben hat: Print ist statisch.

Inhalte werden einmal ausgewählt, verwendet und können danach nicht dynamisch angepasst werden. Zudem lassen Printmedien praktisch keine Interaktion vonseiten der Leser zu.

Genau das ist es, was den Einsatz von Augmented Reality hier besonders spannend gestaltet. Denn mithilfe der Technologie lässt sich eben diese fehlende Verbindung zwischen Offline- und Onlinewelt schaffen.

PRAXISIMPULS

Durch AR kann das statische Medium Print mit aktualisierten Informationen, Beiträgen und Bildern ausgestattet und damit ein Printprodukt unabhängig von seiner Erscheinungshäufigkeit aktuell gemacht werden.

Vereinfachung und verständliche Darstellung spielen ebenfalls eine wichtige Rolle beim gedruckten Wort. Mit Augmented Reality können komplexe Texte, die viele Zahlen und Berechnungen enthalten, erweitert und einsichtig dargestellt werden. Zudem gibt sie Printproduzenten die Möglichkeit, den Lesern – im unmittelbaren Kontext bestimmter Artikel – einen Mehrwert in Form von zusätzlichen oder erweiterten Inhalten zu liefern. So kann beispielsweise bei Interesse mithilfe von Smartphone und Tablet das gesamte Interview angeschaut werden, welches nur auszugsweise abgedruckt wurde. Oder bei einer Filmkritik wird zusätzlich auf den Trailer verwiesen, damit der Leser nicht erst selber danach suchen muss.

Es gibt eine ganze Reihe von bekannten Zeitungen, Zeitschriften und Magazinen, die AR-Sequenzen in ihren Ausgaben nutzen oder genutzt haben – z.B. Esquire, Instyle, The Guardian, National Geographic, Welt, Stern, Le Figaro und viele andere. Eingesetzt wird die Technologie aber auch von regionalen Zeitungen wie dem Weser-Kurier, bei dem man seit dem 3. September 2013 mit der Smartphone-App *Weser-Kurier Live* täglich auf AR-Elemente zugreifen kann (vgl. → Weser Kurier-Case).

CASE: WESER KURIER – JEDEN TAG MEHR INFORMATION

Ziele und Inhalte

Unter den Verlagen gibt es bereits einige, die mit Augmented Reality experimentiert haben (Stern, Welt, Esquire, The Guardian etc.). Keine Zeitung setzt dies jedoch derart konzeptionell und konsequent ein wie der regionale Weser-Kurier – und zwar mit zählbarem Erfolg. Täglich erwarten die Leser zusätzliche Infos, Umfragen, Videos und Hintergrundtexte. Das Erfolgsrezept sind dabei weniger hochauflösende 3D-Modelle, sondern vielmehr, dass der Leser in den Fokus rückt und multisensual mit journalistischen Inhalten beliefert wird. Dem Weser-Kurier bietet sich wiederum die Möglichkeit, Artikel und Themen umfangreicher darzustellen. Damit hat der Verlag ein gutes Argument für seine Paid-Content-Strategie.

Abb. 34: Augmented Reality macht aus der gedruckten Zeitung eine Multimedia-Ausgabe. Quelle: Appear2Media/Weser Kurier Mediengruppe

Benefit

- Leser erhalten umfangreiche Zusatzinformationen
- Tiefgang statt Kurzfutter: Mehrwert gegenüber anderen Zeitungen
- Rechtfertigung von Paid Content

Unternehmen

Weser Kurier Mediengruppe

Umsetzung

Appear2Media, 2013

Augmented Reality erweckt aber nicht nur redaktionelle Printerzeugnisse zum Leben. Auch Firmen nutzen die Technologie häufig in Verbindung mit Printwerbung oder Broschüren verschiedenster Art. Denn obwohl Letztere im Corporate Publishing schon vor Jahren von vielen wegen des Onlinebooms abgeschrieben wurden, haben sich traditionelle Printprodukte (Kundenmagazine, Mitarbeiterzeitschriften etc.) ihren festen Platz im Kommunikationsmix von Unternehmen bewahrt.

Eine Imagebroschüre z. B. kann durch AR mit einem Firmenvideo, einem Interview mit dem CEO, einer Verlinkung auf die Website, einer speziellen Landingpage oder zu den Social-Media-Kanälen des Unternehmens verbunden werden. Ebenso möglich sind Einblendungen von Zusatzinformationen wie Stellenanzeigen, Produktneuheiten (die im Gegensatz zu einem reinen Printmedium angepasst werden können).[6] Auch ein virtueller Rundgang durch die Firma kann für neue Mitarbeiter, Bewerber, Medien, Investoren, Anwohner etc. interessant sein.

Produktbroschüren (und natürlich auch Printwerbung in Zeitschriften) können wiederum genutzt werden, um Betrachtern ganz neue Zugänge zu einem Verkaufsgegenstand zu ermöglichen. So kann beispielsweise das Produkt als 3D-Element angeschaut und damit interagiert werden. Oder man bindet Kundenstatements nicht in Text, sondern in Videoform ein – was die Glaubwürdigkeit der Aussagen erhöht.

Häufig wird auch auf zusätzliche Informationen zu Produkten (z. B. Preistabellen) verlinkt und/oder Nutzern die Möglichkeit gegeben, diese direkt via Mobilgerät zu bestellen.

CASE: MONARCH MOUNTAINS

Ziele und Inhalte

Monarch Airlines plante 2013, neue Ski-Destinationen in ihr Portfolio aufzunehmen und damit in den Wettbewerb zu etablierten Airlines zu treten. Um in Großbritannien Aufmerksamkeit zu erreichen und die neuen Routen zu promoten, kam AR als Teil der Direkt-Marketing-Kampagne zum Einsatz. An vorab definierte Zielgruppen wurde eine Box mit Infos geschickt, die per AR den *Monarch Mountain* visualisiert, wie er unten im Display zu sehen ist. Die Kampagne generierte einen Umsatz von umgerechnet 2,7 Millionen Euro, löste mehr als 8.000 Interaktionen auf sozialen Medien aus und wurde 2014 mit dem Digital Media Award ausgezeichnet.

Abb. 35:
Mit dem Mobilgerät und Augmented Reality den Monarch Mountain entdecken
Quelle: WDMP, Blippar

Benefit

- Aufmerksamkeit für neue Ski-Routen im Wettbewerb
- Knapp 22% mehr Visits auf der Website
- 1.750 Unique User für die AR-Anwendung

Unternehmen

Monarch Airlines

Umsetzung

WDMP/Blippar, 2013

CASE: IKEA-KATALOG FÜR DIE PLANUNG ZU HAUSE

Ziele und Inhalte

211 Millionen Exemplare in 30 Sprachen: Kaum ein Printprodukt wird häufiger gedruckt als der Ikea-Katalog. Bereits seit 2012 kooperiert Metaio mit Ikea und entwickelt jährlich die *IKEA Katalog App*. Der Erfolg führte 2013 zu einer Neuauflage mit rund 50 Seiten mit AR-Inhalten. Produktdetails und Videos werden in der neuen Auflage um eine virtuelle Möbelplanung erweitert. Die Nutzer können verschiedene Möbelstücke aus dem Katalog in ihrem eigenen Zuhause platzieren und bekommen so einen realistischeren Eindruck von Produkten, als wenn sie nur im Katalog blättern. Ikea kombiniert Print und AR, um den Kunden die eigenen Produkte interaktiv und detailreich zu präsentieren.

AR

Abb. 36: Ikea-Kunden platzieren Möbelstücke aus dem Katalog in den eigenen vier Wänden
Quelle: Metaio

Benefit

- Interaktives Produkterlebnis
- Virtuelle Möbelplanung in den eigenen Wänden
- 8,5 Millionen App-Downloads (Stand 2013)
- Mehr als 1 Million Interaktionen

Unternehmen

Ikea

Umsetzung

Metaio, seit 2012 jährlich

CASE: PRINT-EXPOSÉ FÜR REAL-ESTATE-MARKETING

Ziele und Inhalte

NuOffice ist ein Immobilienprojekt in München. Mehrere Bürogebäude wurden bereits gebaut und sind mittlerweile mit der bisher weltweit höchsten LEED-Zertifizierung für nachhaltiges und ökologisches Bauen ausgezeichnet worden. Die Zielgruppen – Kunden, Makler, Medien und Nachbarn – sollten mehr über das Konzept und die nachhaltige Bauweise erfahren. Das Immobilienunternehmen Hubert Haupt bietet mit Augmented Reality die Möglichkeit, das Gebäude zu planen, eine interaktive Umgebungskarte anzuschauen und in einer audio-visuellen 3D-Darstellung mehr über die technischen Details zu erfahren.

Abb. 37:
3D-Modell der Betonkern-Aktivierung mit Audio-Einspielung und Detailinformationen
Quelle: RE'FLEKT

Benefit

- Technische Details verständlich visualisieren
- Virtuelle Raumplanung in Echtzeit
- Anbindung an Kundendatenbank mit aktuellem Verkaufs- bzw. Vermietungsstatus

Unternehmen

Hubert Haupt Immobilien

Umsetzung

RE'FLEKT, 2013

Event-Ticket

Manchmal werden auch Event-Tickets mit Markern versehen. Mit einem „AR-Ticket“ können Sportfans dann beispielsweise bei Wartezeiten den Fan-Store besuchen, ein 3D-Modell des Stadions betrachten oder Video-Highlights anschauen. Die Tickets können aber auch mit allerlei praktischen Features versehen werden, welche die An- und Abreise erleichtern (Live-Updates zum Verkehrsaufkommen, zur Parksituation und die Möglichkeit, sich ein Taxi zu rufen usw.).[7]

PRAXISIMPULS

Der Einsatz von Augmented Reality in Kombination mit traditionellen Büchern ist ebenfalls sehr beliebt – beispielsweise für Reiseführer, Benutzerhandbücher, Sachbücher etc. So können bestimmte Stellen eines Buches mit Audiobeiträgen, 3D-Grafiken, Animationen oder anderen visuellen Informationen erweitert werden (vgl. Anwendungsbeispiel *The Art of Journey*).

Bücher

Auch bei Kinderbüchern und -enzyklopädien (und übrigens auch bei Puzzles; → Ravensburger-Case) wird Augmented Reality sehr gerne eingesetzt – was nicht weiter erstaunt. Denn wer den Kids von heute zuschaut, wie sie iPad und Computer bedienen, staunt nicht schlecht, wie intuitiv und angeboren das aussieht.

CASE: INTERAKTIVES BUCH – THE ART OF JOURNEY

Ziele und Inhalte

Bei *The Art of Journey* handelt es sich um ein Hardcopy-Kunstbuch mit Augmented-Reality-Features. Es wurde als Zusatz zum bekannten PSN-Games *Journey* vonThatGameCompagny herausgegeben, dessen Story in einer Wüstenszenerie spielt. Designt und geschrieben wurde das Buch von Matt Nava, Art Director von Journey. Darin gibt er unter anderem Einblicke in die stilistischen Einflüsse, Erzählfunktionen und Designziele, welche den finalen Look des Games geprägt haben. Daqri entwickelte zum Buch eine Begleit-App, mit der 3D-Grafiken und Animationen ausgelöst und die Buchseiten zum Leben erweckt werden können. Die einzelnen Szenen werden untermalt von dem preisgekrönten Soundtrack des Games.

Abb. 38:
Bei *The Art of Journey* erwachen die Buchseiten mit Augmented Reality zum Leben.
Quelle: Daqri

Benefit

- Erhöhtes Leserengagement
- Aufwertung eines statischen Printproduktes
- Visualisierung von (komplexen) Inhalten

Unternehmen

ThatGameCompagny

Umsetzung

Matt Nava, Santa Monica Studio, BlueCanvasMagazine, Daqri

CASE: PUZZLE-APP VON RAVENSBURGER

Ziele und Inhalte

Seit Ende des 18. Jahrhunderts gibt es Puzzles. Wie verschafft man der ursprünglichen Variante des Legespiels in der heutigen Zeit Aufmerksamkeit? Ravensburger, der Marktführer für Puzzles, erweitert den Spielspaß mithilfe einer AR-App. Zum ersten Mal ist nach dem letzten gelegten Teil nicht Schluss. Die Spieler entdecken auf den 1000-Teile Puzzles z.B. ein Quiz, eine Unterwasserwelt, den Times Square oder genießen die Sicht vom Eiffelturm. Dank der App erscheinen Videos, 2D-Inhalte und 3D-Tiere auf den Puzzle-Motiven. Ravensburger führt ein jahrhundertealtes Produkt mit modernster Technik zusammen und schafft damit einen neuen USP.

Abb. 39:
AR verleiht Puzzles eine neue Dimension.
Quelle: Ravensburger Spieleverlag

Benefit

- App erweitert das Produkt um zusätzliche Eigenschaften
- AR-App zum Produkt schafft USP
- Thematische Ergänzungen/Spiele zum Puzzle-Motiv

Unternehmen

Ravensburger Spieleverlag

Umsetzung

Augmented Minds, 2012

Während wir früher Bücher gewälzt haben, um unser Sonnensystem oder die Funktionsweise einer Dampfmaschine zu verstehen, wird heute das Tablet konsultiert. Mit der Visualisierung durch Augmented Reality ist beides möglich – Buch und Tablet. Noch immer quälen wir uns viel zu oft durch unverständliche Bedienungsanleitungen. Das Bild in der Anleitung passt nicht zum Produkt – und jetzt? Mit Augmented Reality ist das Vergangenheit: Die Produktfeatures oder eine Schritt-für-Schritt-Anleitung kommt genau dahin, wo sie gebraucht wird: ans Produkt (→ Kothes!-Case).

CASE: KOTHES!: PRODUKT MIT AR VERSTEHEN

Ziele und Inhalte

Produkte werden mit Flyern, Datenblättern, Videos und Anleitungen (Print/Mobile) kommuniziert und erklärt. Mit Augmented Reality lassen sich Features und Funktionen direkt am realen Objekt zeigen. Insbesondere komplexe und erklärbedürftige Produkte profitieren von AR.

Bei der Umsetzung für die Firma Kothes! werden wesentliche Informationen direkt auf einer Füllmaschine verfügbar gemacht – mittels Tablet und AR. Grafische Elemente, Animationen oder Liveinformationen aus Datenbanken werden auf die Maschine „überlagert". Hält der Kunde ein Mobilgerät davor, sieht er auf dem Display alle wichtigen Fakten zum Produkt – live und exakt positioniert.

AR

Abb. 40: Kothes! Augmented Dokumentation – Facts und Features direkt am Produkt zeigen
Quelle: Kothes!

Benefit

- Features und Funktionen direkt am Produkt darstellen
- Kunden entdecken das Produkt mit Tablet oder AR-Brille
- Komplexe Bedienelemente oder -schritte erklären

Unternehmen

Kothes!

Umsetzung

RE'FLEKT

Das Buch als haptisches Produkt mit seinen raschelnden Seiten enthält die Inhalte und fühlt sich angenehm an. AR wiederum erweckt das Buch zum Leben und sorgt für interaktive Erlebnisse. Mit dem Resultat, dass Themen schneller erlernt werden. Denn was wir selbst erleben, prägen wir uns auch besser ein.

Durch Augmented Reality können Sachverhalte visuell einsichtiger präsentiert und mehrere Sinne angesprochen werden. Die Kids setzen sich aktiv mit dem Lernstoff auseinander, Lernen wird zu einem Erlebnis und hat einen viel größeren Spaßfaktor.

Natürlich gilt das Gleiche für die digitale Aus- und Fortbildung von Erwachsenen. Denn gerade in Verbindung mit Datenbrillen bieten sich sehr interessante Möglichkeiten, wie Mechaniker oder Auszubildende auf interaktive Weise lernen, komplexe Systeme zu verstehen und zu reparieren. Das *ARMAR*-Projekt der Columbia Universität ist hier dran, das Potenzial solcher AR-Systeme zu erforschen.[8]

Lernwelt

Allerdings ist eines klar: Unser heutiges Bildungssystem ist noch nicht vorbereitet auf diese neue Art des Lernens. Die Kombination der verfügbaren Technologie mit didaktischen Konzepten zur Darstellung neuer Lernwelten stellt Bildungsträger vor neue Herausforderungen, wie es Erich Herber von der Donau-Universität Krems in seinem Artikel *Augmented Reality – Auseinandersetzung mit realen Lernwelten* beschreibt.[9] Demnach sind neben den Anforderungen an die Konzeption und Realisierung neuer Bildungskonzepte auch Investitionen in die Ausbildung der Lehrkräfte erforderlich. Es wird also noch seine Zeit brauchen, bis Augmented Reality als selbstverständliches Lernmedium zur Verfügung steht.

Produktverpackung

Wie wir bereits gesehen haben: Die Einsatzmöglichkeiten von Augmented Reality in Kombination mit Printprodukten sind sehr vielfältig. Nicht vergessen wollen wir zum Schluss aber auch den Bereich der Produktverpackungen, welche ebenfalls mit Markern oder Bildern ausgestattet werden können, um AR-Szenen auszulösen (→ McDonalds- oder → LEGO-Case bei den stationären Anwendungen).

CASE: MCDONALD'S AUF DIGITALER CSR-MISSION

Ziele und Inhalte

Auf spielerische Art und Weise ernsthafte Themen erklären und den Kunden einbinden: So lässt sich das Ziel der *McMission*-App beschreiben. McDonald's arbeitet seit einiger Zeit an einem Image als ökologisches und gesellschaftlich verantwortungsvolles Unternehmen. Die App beinhaltet vier Missionen: Von erneuerbaren Energien über Recycling bis zum Müll-Dunking lernen Kunden in Gamification-Manier die Projekte der Fast-Food-Kette kennen. So kann der Kunde beispielsweise durch Pusten ein Restaurant auf dem Smartphone zum Leuchten bringen. Augmented Reality verwandelt die Maßnahmen im Rahmen der Corporate Social Responsability (CSR) in ein interaktives Erlebnis.

Abb. 41: *McMission*- Corporate Social Responsability mit Augmented Reality
Quelle: Metaio

Benefit

- Reputation aufbauen mit interaktiver Wissensvermittlung
- Gamification für höheres Involvement bei trockenen Themen

Unternehmen

McDonald's

Umsetzung

Metaio, 2013

PRAXISIMPULS

Was bis jetzt bloß als Mittel zum Zweck diente, bietet Unternehmen nun die Gelegenheit, neue Zugänge zu ihren Kunden zu schaffen. Ob mit Games, Rezeptvorschlägen, Promotionsaktionen etc. – über die Produktverpackung können Informationen zum Inhalt als Erlebnis gestaltet und Kunden auf emotionaler Ebene angesprochen werden.

Mit AR lässt sich aber auch ein altbekanntes Problem mit Verpackungen lösen – wie der *Virtual Box Simulator* des US Postal Service zeigt. Die Problematik: Jemand möchte ein Paket versenden, weiß aber nicht, welche der erhältlichen Standardgrößen dafür am besten geeignet ist. Die Lösung: Mithilfe der Anwendung lässt sich die Paketgröße simulieren und überprüfen, in welchen Boxtyp das Versandgut hineinpasst. Das gleiche Prinzip ließe sich natürlich auch im B2B-Bereich in der Logistik einsetzen.[10]

Es bleibt abzuwarten, wie aufgeschlossen sich Konsumenten hinsichtlich des permanenten Gebrauchs von Mobilgeräten während des Einkaufs zeigen. IBM beispielsweise entwickelte den *Digital Shopping Assistant* – eine Applikation, welche detaillierte Informationen zu Produkten in den Ladenregalen liefert. Mithilfe von Bilderkennungstechnologie scannt die App die Verpackung, erkennt das Produkt in einer Cloud-Datenbank und liefert spezifische Informationen (Produktbeschreibungen, Nährwerttabellen etc.) dazu auf dem Smartphone-Screen.[11]

Location-based Services und Retail

Dadurch, dass Smartphone-Benutzer dieses mehr oder weniger ständig bei sich tragen, zeigt sich gerade in den Bereichen „Navigation und Tourismus“ ein großes Potenzial für Augmented Reality – zumal hier auch junge Zielgruppen angesprochen werden können.

Sogenannte Location-based Services (LBS) oder Augmented-Navigation-Anwendungen (bekannteste Beispiele: Wikitude World Browser, Layar und Junaio) können unterwegs bei der Suche nach Geschäften, Geldautomaten, Busstationen etc. helfen. Oder aber auch bei der Orientierung in unübersichtlichen Gebäuden wie Flughäfen, Messeanlagen etc.

Denn „scannt“ man die Umgebung mit der Kamera des Smartphones, werden neben den erfassten Objekten zusätzliche Informationen eingeblendet, anhand derer man sich besser zurechtfindet oder die einen an ein gewünschtes Ziel navigieren.

Digitale Reiseführer funktionieren nach dem gleichen Prinzip. So können sich Touristen auf der Karte bestimmte Points of Interest anzeigen und sich mittels Routenbeschreibung zu ihnen lotsen lassen. Betrachten sie historische Gebäude, Denkmäler, Plätze oder sonstige Sehenswürdigkeiten durch das Smartphone, liefert ihnen die AR-Anwendung diverse Auskünfte dazu.

Indem man Orte mit Informationen oder Bildern aus verschiedenen Zeitepochen in Beziehung setzt, werden diese ganz anders wahrgenommen. Bei Hunger oder Durst kann man sich wiederum Restaurants und Cafés in der Nähe anzeigen lassen. Wer will, kann sich zudem darüber informieren, wie diese von anderen Gästen bewertet wurden oder verfasst selber eine Bewertung dazu (Geo-Blogging).

Geo-Blogging

Auch AR-Games, mit denen Orte, Gebiete oder auch Unternehmen entdeckt werden können, schaffen außergewöhnliche Erlebnisse. Allerdings sind Umsetzungen solcher Anwendungen technisch relativ aufwendig.

PRAXISIMPULS

Durch Location-based AR lässt sich also eine Verbindungen schaffen zwischen der realen Umwelt, in der sich ein Smartphone-Nutzer unmittelbar befindet, und medialen Inhalten. Der Vorteil besteht nun aber darin, dass User nicht selbst aktiv werden und danach suchen müssen, sondern passende Inhalte kontextbezogen (zur richtigen Zeit, am richtigen Ort, passend zur Situation) erhalten.

Und auch Informationen, die nur offline verfügbar sind, lassen sich so einfach in die digitale Welt transportieren.

Mittlerweile setzen aber auch immer mehr Unternehmen auf LBS-Funktionalitäten, um Kunden in ihre Filialen zu leiten oder bestimmte Marketingaktionen durchzuführen (→ Walgreens-Case).

CASE: SHOPPING EXPERIENCE STATT EINKAUFSLISTE

Ziele und Inhalte

Durch Augmented Reality kann der Einkauf zu einem interaktiven Shoppingerlebnis werden. Davon ist die amerikanische Einzelhandelskette Walgreens überzeugt und arbeitet darum an einem Pilotprojekt mit Google's *Project Tango* – einem neuartigen Mobile Device mit zusätzlicher Kamera. Während der Kunde durch die Gänge geht, werden mit Indoor-Mapping und Augmented Reality Informationen zu den Produkten im Supermarkt angezeigt. Kunden können während des Einkaufs Punkte sammeln und bekommen direkt am Regal Angebote angezeigt. Das Projekt zeigt, wie sich Angebote und Infos kontextbezogen zum Kunden bringen lassen: zur richtigen Zeit am richtigen Ort. Die Tango-Geräte erkennen die Umgebung anhand einer Tiefenkamera und können die AR-Inhalte exakt platzieren.

Abb. 42:
Mit *Project Tango* und Augmented Reality erhalten Kunden kontextbezogene Angebote
Quelle: Aisle 411

Benefit

- Kontextbezogene Informationen für Kunden
- Interaktives Shoppingerlebnis
- Im Retail-Bereich können Angebote und Loyalty-Programme passend platziert werden

Unternehmen

Walgreens USA

Umsetzung

Aisle 411, Google Project Tango, 2014

Mobile Couponing

So können beispielsweise beim *Mobile Couponing* den Kunden digitale Gutscheine auf ihr Smartphone gesendet werden (über eine Coupon-App, per SMS, QR-Codes, Bluetooth etc.), welche die Empfänger dann auf ihrem Handy verwalten und bei den Anbietern einlösen können.

Allerdings ist Mobile Couponing noch nicht sehr weit verbreitet und es gilt in diesem Bereich noch einige Hürden zu überwinden, wie aus einer Studie zum Einsatz und Potenzial mobiler Coupons und Coupon-Apps von ECC Handel in Zusammenarbeit mit GS1 hervorgeht.[12]

Retail

So ist zum einen der Retail-Bereich noch nicht gerüstet für die Entgegennahme von mobilen Gutscheinen. Kunden müssen sich zuerst oft an der Kasse identifizieren, um die Coupons einlösen zu können, ohne sie vorher auszudrucken. In anderen Fällen kann der mobile Gutschein an der Kasse via Barcode eingelesen werden – was allerdings ein fortschrittliches Kassensystem voraussetzt. Zudem besteht bezüglich Datensicherheit auf Kundenseite noch große Skepsis. Die Studie zeigt aber auch, dass gerade junge Zielgruppen und „Early Adopters" positiv auf digitale Coupons ansprechen. Mobile Couponing hat also durchaus das Potenzial, künftig Kunden über das mobile Endgerät in den stationären Handel zu führen, Wiederkäufe zu generieren und Impuls- und Zusatzkäufe zu stimulieren.

Bereits bei den stationären Anwendungen sind wir auf das Potenzial von Augmented Reality als Treiber bei Kaufentscheiden eingegangen (→ Kapitel 4, S. 75). Aber auch mobile AR-Systeme werden im Retail-Bereich mehr und mehr eingesetzt.

Mobile Kampagnen

Der Konkurrenzkampf unter Konsumgüterherstellern ist gewaltig. Mehr und mehr Werbung prasselt auf die potentiellen Kunden ein und lässt diese zunehmend unempfindlich werden gegenüber traditionellen Marketing-Methoden. Wer also seine Produkte weiterhin an den Mann oder die Frau bringen will, muss sich neue und innovative Methoden einfallen lassen, um Aufmerksamkeit zu erregen. Die Herausforderung liegt darin, näher an den Kunden heranzutreten – sich in sein Bewusstsein zu drängen. Nur: Wie? Ein Lösungsansatz liegt (sprichwörtlich) auf der Hand und wurde auch bereits von vielen erkannt: über Mobilgeräte. Schließlich ist das Smartphone zu unserem täglichen Begleiter geworden. Ohne verlässt heute kaum noch jemand das Haus. Aus diesem Grund richten mittlerweile viele Brands ihre Marketingkampagnen gezielt auf Mobile aus – und Augmented Reality kann hier ein sehr interessantes Tool darstellen (→ L'Oréal-Case).

CASE: L'ORÉAL – STYLE KONFIGURATION MIT AR

Ziele und Inhalte

2014 präsentierte L'Oréal Paris die App *Make Up Genius* – ein virtueller Make-up-Simulator für Smartphone und Tablet. Damit können zahlreiche Beauty-Produkte von L'Oréal Paris (Lippenstifte, Eyeliner, Lidschatten etc.) einzeln oder in Kombination auf dem eigenen Gesicht getestet werden – wie in einem virtuellen Spiegel. Dank sehr gut gemachter Facetracking-Technologie passen sich die ausgewählten Produkte auch den Mimiken und Bewegungen an. Die verschiedenen Looks können fotografiert/gefilmt und mit Freunden geteilt werden. In der Rubrik *How To* gibt es zudem diverse Lern-Clips, um verschiedene Looks nachzuschminken. Ebenfalls Bestandteil der App: Beschreibungen der einzelnen Produkte inklusive Shop-Anbindung, wo man diese auch gleich bestellen kann.

Abb. 43:
Mit der *Make Up Genius*-App wird Schminken zum virtuellen Erlebnis.
Quelle: L'Oréal Deutschland

Benefit

- Beauty-Produkte können vor dem Kauf individuell am eigenen Gesicht getestet werden
- Virtueller Schminkspiegel für individuelles Make-up
- Kaufentscheidungen beeinflussen durch schnelle Produktprobe

Unternehmen

L'Oréal

Umsetzung

L'Oréal Research and Innovation, 2014

3. Wearables und Beacons

Wearables

Wearable Computing ist das neue Tech-Trendwort schlechthin. Verstanden wird darunter ein Feld, das sich mit der Entwicklung von tragbaren Computersystemen beschäftigt, die in Form von Brillen und Uhren bzw. in Kleidungsstücke oder Accessoires integriert sind und die während der Anwendung komfortabel am oder auf dem Körper getragen werden können. Der Grundgedanke hinter Wearables ist in allen Fällen der Gleiche: Angestrebt wird eine nahtlose Integration von funktioneller Elektronik in unser tägliches Leben. Die Versorgung mit relevantem Content in der jeweiligen Situation: auch hier wieder das Schlagwort *kontextbezogen*, auf das wir in → Kapitel 5, S. 127 näher eingehen.

Wearables

Smartwatch

Smartwatches, Datenbrillen, smarte Kontaktlinsen, Schmuck, E-Textilien – ja sogar unter die Haut oder in Tattoos implantierte Microchips: Experimentiert wird mit vielem. Doch vieles davon ist noch sehr entfernte Zukunftsmusik. Das Konzept von Augmented Reality in Verbindung mit Wearables ist aber alles andere als neu – um an dieser Stelle nochmals auf das Sword of Damocles von Sutherland zu verweisen (→ Kapitel 1, S. 26). Denn es liegt auf der Hand:

Datenbrille

PRAXISIMPULS

Datenbrillen, die der Nutzer unmittelbar vor seinen Augen trägt, sind geradezu prädestiniert für Augmented Reality, da der Träger nicht erst sein Smartphone zücken muss, um zu den AR-Inhalten zu gelangen. Noch ein Vorteil: Man hat die Hände frei, was beispielsweise bei interaktiven Anleitungen oder im Tourismus ein Argument ist.

Google Glass

Meta One

Momentan ist es so, dass Google Glass vielfach als Synonym für sämtliche Smart Glasses oder Datenbrillen herhalten muss. Dabei hat das Gerät von Google mit beispielsweise einer Meta One ungefähr so viel zu tun wie ein VW Passat mit einem Tesla Roadster. Der eine ist ein hervorragender Begleiter im Alltag, der andere ein Innovationsvehikel mit Zukunftstechnologie. Nicht, dass es falsch verstanden wird: Google Glass bietet sehr fortschrittliche Technologie, insbesondere was das Prisma und die Übertragung von Audio per Knochenlautsprecher angeht. Das funktioniert alles, während es bei anderen Brillen vielfach noch Visionen sind.

Es ist faszinierend zu sehen, wie schnell sich die Brillen entwickeln. Dennoch: Aktuell lassen sich noch mit den allerwenigsten vernünftige Business-Cases realisieren (→ Anwendungsbeispiel BMW). Für Brillenträger mangelt es an optischer Korrektur, die Brillen sind meist noch zu schwer und auch der Tragekomfort lässt stark zu wünschen übrig. Vor allem aber: Die Akkulaufzeiten sind einfach zu gering für Augmented Reality. Soll eine Datenbrille im Unternehmen eingesetzt werden, dann sind auch soziale Aspekte zu betrachten: Die Kamera zeichnet den eigenen Blick auf. Das will sicherlich nicht jeder. Dazu kommt, dass man mit manchen Brillen schon sehr ungewöhnlich aussieht. Die Gefahr, dass das Umfeld dies belustigt wahrnimmt, ist ebenfalls ein Faktor, der beachtet werden sollte. Wir haben mittlerweile einige Datenbrillen getestet: von Google Glass über Epson Moverio bis zur Meta One. Sogar Googles Cardboard oder die Samsung Gear VR. Die genannten Aspekte treffen mehr oder weniger auf alle Geräte zu.

Epson Moverio

Google Cardboard

Samsung Gear VR

Die Epson Moverio beispielsweise ist eine der wenigen Brillen, die bereits auf dem Markt erhältlich sind und mit denen sich kontextbezogene Anwendungen für Industrie und Marketing schaffen lassen. Die Meta One ist nach wie vor in der Entwicklungsphase und wird voraussichtlich in den nächsten zwei Jahren Marktreife erlangen. Zuvor werden wir sicherlich mehr auf dem Virtual-Reality-Markt erleben: die Oculus Rift.

Oculus Rift

CASE: BMW I8 MIT DER GOOGLE GLASS ENTDECKEN

Ziele und Inhalte

Laserlicht, Carbon, Plug-in-Hybridantrieb: Das sind die innovativen Merkmale des neuen BMW i8. Dafür wollte die Marketingkommunikation von BMW eine ebenso innovative Präsentation des Fahrzeugs gewährleisten. An mehreren deutschen Flughäfen konnte der i8 mit der Google Glass erkundet werden. Fünf verschiedene Perspektiven wurden ermöglicht, darunter ein Cube, der den Innenraum visualisiert, eine Überlagerung des realen Fahrzeugs mit Motor und Antriebsstrang sowie eine Windsimulation. Das Konzept bot zu jedem Punkt zunächst eine AR-Sicht, danach ein Video und anschließend eine Wissenskarte zur Wiederholung der Produktmerkmale. Die Nutzer wurden dabei immer von einem erfahrenen Promoter begleitet, der sie durch die einzelnen Schritte mit der Google Glass führte.

AR

Abb. 44: Einblendung von Motor und Antriebsstrang auf der Google Glass
Quelle: Vectorform

Benefit

- Produktinnovationen mit Google Glass erkunden
- Faszination für BMW i8 und Google Glass
- Markenauftritt mit innovativer Technologie

Unternehmen

BMW AG

Umsetzung

Vectorform, Mediaplus, Serviceplan, 2014

PRAXISIMPULS

Ob kontextbezogene Information mit einer Google Glass oder Erlebniswelten (Konzerte, Dokumentationen) mit der Gear VR: Die Zukunft wird Marketing und PR völlig neue Erlebnisse schaffen.

Ein Beispiel mit der Google Glass haben wir bereits vorgestellt (→ Anwendungsbeispiel BMW). Zunächst treibt die Menschen vor allem die Neugier an. Viele wollen die Glass erkunden und selbst erleben, wie sich das anfühlt. Weil die Benutzung noch ungewohnt ist, werden die Anwender für den BMW i8 mit einem Tutor und sogenannten Companion-Geräten unterstützt. Der Tutor sieht auf einem Smartphone, welchen Content der Nutzer gerade betrachtet. So kann er bei falscher Bedienung helfen und zum richtigen Menüpunkt führen. Das ist bei derart neuen Devices wichtig, damit keine Frustration entsteht.

Beacons

Bislang konnte die Position von Mobilgeräten nur über GPS oder durch Signalauswertungen benachbarter WIFI-Stationen bestimmt werden. Der Umstand, dass diese Signale innerhalb von Gebäuden häufig geblockt werden, warf daher beim Indoor-Einsatz von Augmented Reality häufig Probleme auf. Mittlerweile existiert aber auch dafür eine Lösung und zwar in Form sogenannter *Beacons* – kostengünstiger Hardwareteile, die klein genug sind, damit man sie problemlos an eine Wand oder sonstige Oberfläche heften kann.[13]

Dabei handelt es sich um kleine Sender (das englische Wort „Beacon" bedeutet übrigens übersetzt „Leuchtturm"), welche auf Bluetooth Low Energy (kurz BLE) basieren – also einer wesentlich akkuschonenderen Version von Bluetooth. Und damit können Mobilgeräte auch innerhalb von Gebäuden lokalisiert werden, in die kein GPS-Ortungssignal dringt oder welches zu schwach ist, als dass damit die nötige Genauigkeit erzielt werden kann.

Bluetooth Low Energy

Damit ein Mobilgerät Beacons in seiner Umgebung wahrnehmen und auf diese reagieren kann, muss es allerdings auch mit BLE ausgestattet sein. Die großen Player haben bereits vor einiger Zeit auf die erweiterten Möglichkeiten reagiert. So unterstützt das Betriebssystem Android BLE ab der Version 4.3.[14], iOS seit Ausgabe 5 mit dem CoreBluetooth Framework.[15]

Wer sich bezüglich des Datenschutzes Sorgen macht, kann aufatmen: Der Beacon selbst empfängt keine Daten und baut auch keine Bluetooth-Kopplung mit dem Mobilgerät auf. Seine Funktion besteht einzig darin, seiner Umgebung permanent spezifische Identifikationsnummern mitzuteilen. [16]

Mit eingeschalteter Bluethooth-Funktion kann das Mobilgerät die Signale des Beacons zwar empfangen (bis zu einer Entfernung von 30 Metern). Für die Auswertung benötigt man aber eine spezielle App, welche die Signale des Beacons verstehen und entsprechende Aktionen auslösen kann. Dadurch, dass der Benutzer des Mobilgerätes diese zuerst downloaden muss, behält er also die Kontrolle darüber, was er zulassen will und was nicht.

Es könnte durchaus sein, dass Beacons künftig die Art und Weise, wie Detailhändler, Unternehmen, Eventmanager, Bildungs- und Kulturinstitutionen etc. mit Leuten innerhalb von Gebäuden kommunizieren, maßgeblich verändern. Gut möglich ist auch, dass sie in ein paar Jahren fester Bestandteil von Hausautomationssystemen sind.

Einmal mehr hinkt Europa auch bezüglich des Einsatzes von Beacons den USA hinterher. Dort werden solche bereits von Einzelhändlern eingesetzt, um Kunden mit Informationen zu Produkten, Angeboten oder zu Flash Sales zu versorgen und zudem die Kaufabwicklung durch kontaktlose Zahlungssysteme zu beschleunigen.[17]

PRAXISIMPULS

Fest steht: Ob auf Flughäfen oder Bahnhöfen, auf Messen, in Shoppingcentern oder in Museen (→ Anwendungsbeispiel von Gallery One) – durch Beacons ergeben sich spannende Möglichkeiten, die bis jetzt technisch nicht oder nur schwer umzusetzen waren.

CASE: GALLERY ONE – KUNST TRIFFT TECHNOLOGIE

Ziele und Inhalte

Bei einem Rundgang durch eine der Galerien des Cleveland Museum of Art können Besucher mit ausgewählten Kunstwerken interagieren. Die *ArtLens*-App nutzt AR, um Besucher vor Ort miteinzubeziehen. So können diese Kunstwerke mit ihrem Smartphone oder Tablet (iOS und Android) scannen und erhalten so digitalen Content wie Erklärungen oder Videos zu den Exponaten. Mit ArtLens erleben Besucher Kunst auf eine ganz neue Art und Weise. Um den Einsatz in den Gebäuden zu gewährleisten, wurden überall in der Gallery One und den Dauerausstellungen iBeacons installiert, um zum einen die ortsbezogenen Informationen zu liefern, und zum anderen, um interaktive Karten im Stil von „Sie befinden sich hier" zu ermöglichen – ein Feature das sich „Near you now" nennt. Letzteres unterstützt die Echtzeitorientierung und Navigation durch die Räumlichkeiten und informiert gleichzeitig über weitere Gelegenheiten, auf Informationen zu Ausstellungsobjekten in der näheren Umgebung zuzugreifen.

Abb. 45:
Per iBeacon gefunden und mit Augmented Reality entdeckt: Skulptur in der Gallery One
Quelle: Courtesy of the Cleveland Museum of Art

Benefit

- Erhöhtes Besucherengagement durch ArtLens-App und AR
- iBeacons führen den Besucher durch die Gallery One
- Kontextbezogene Informationen zu ausgewählten Exponaten

Unternehmen

Cleveland Museum of Art

Umsetzung

Cleveland Museum of Art, 2013

Wir wollen hier jetzt nicht im Trüben fischen und irgendwelche Prognosen für die Zukunft wagen. Aber eines darf man wohl mit Sicherheit sagen: Bei all den neuen Möglichkeiten, welche sich gerade durch die Kombination von Beacons/Wearables und Augmented Reality ergeben, wird sich die Art, wie wir mit Produkten und Brands interagieren, maßgeblich verändern. Es bleibt also weiterhin spannend.

LESETIPPS

- Herber, Erich (2012): *Augmented Reality – Auseinandersetzung mit realen Lernwelten.* In: E-Learning allgegenwärtig, Themenheft 03/2012
- Virtual Dimension Center Fellbach (2014): *Virtuelle Techniken im Marketingprozess.* Whitepaper
- Perey, Christine (2011): *Augmented Reality and the Future of Printing and Publishing. Opportunities and Perspectives.* inglobetechnologies.com

Anmerkungen

1 Marketing-Boerse.de (2011): *(Mobile) Augmented Reality – Hype oder nachhaltiges Marketinginstrument?* Abgerufen am 19.10.2014 von http://www.marketing-boerse.de/Fachartikel/details/Mobile-Augmented-Reality-%96-Hype-oder-nachhaltiges-Marketinginstrument

2 Medienhaus Verlag (2013): *Geklickt, verkauft, zurückgeschickt. Wie sich kostenintensive Retouren im Online-Handel verringern lassen.* Abgerufen am 23.03.2015 von http://p139457.typo3server.info/home/a/geklickt-gekauft-zurueckgeschickt.html

3 Experto.de (2014): *Wie Ihr Unternehmen von Event-Marketing profitieren kann.* Abgerufen am 19.10.2014 von http://www.experto.de/b2b/marketing/wie-ihr-unternehmen-von-event-marketing-profitieren-kann.html

4 Mobile-Studien.de: *Weltweit – Endgeräte – Verkaufszahlen Q1 2015.* Abgerufen am 11.05.2015 von http://mobile-studien.de/marktanteile-endgeraete/verkaufszahlenmarktanteile-q1-2015/

5 Statista.de: *Anzahl der Personen weltweit, die das Internet über ihr mobiles Endgerät nutzen im Jahr 2013 und Prognose bis 2017 (in Milliarden).* Abgerufen am 12.11.2014 von http://de.statista.com/statistik/daten/studie/172505/umfrage/anzahl-der-personen-weltweit-die-mobil-das-internet-nutzen/

[6] Perey, Christine (2011): *Augmented Reality and the Future of Printing and Publishing. Opportunities and Perspectives.* Abgerufen am 12.11.2014 von http://www.inglobetechnologies.com/docs/whitepapers/AR_printing_whitepaper_en.pdf

[7] Mashable (2013): *Augmented Reality Tickets Give Sports Fans a Boost.* Aufgerufen am 12.02.2015 von http://mashable.com/2013/04/23/augmented-reality-sports-tickets/

[8] Henderson, Steve/Feiner Steven (2014): *Augmented Reality for Maintenance and Repair (ARMAR).* Abgerufen am 17.11.2014 von http://monet.cs.columbia.edu/projects/armar/

[9] Herber, Erich (2012): *Augmented Reality – Auseinandersetzung mit realen Lernwelten.* In: E-Learning allgegenwärtig, Themenheft 03/2012

[10] Die Firma GmbH (2014): *Augmented Reality. New Dimension: Begegnungen der dritten Art.* Abgerufen am 1.12.2014 von: http://www.diefirma.de/fileadmin/user_upload/Themen/df_factsheet_AR_web_100401.pdf

[11] Sadler, Sima (2014): *Stocking Shelves Made Easy and Smart through Cognitive Computing.* Abgerufen am 11.01.2015 von http://asmarterplanet.com/blog/2014/03/augmented-reality-blurring-the-lines-between-online-and-in-store-shopping.html

[12] ECC Handel (2011): *Mobile Couponing – Studie zu Einsatz und Potenzial mobiler Coupons und Coupon-Apps von GS1 Germany in Zusammenarbeit mit ECC Handel.* Abgerufen am 28.11.2014 von http://www.ecckoeln.de/Downloads/Themen/Mobile/Mobile-Couponing-Management-Summary.pdf

[13] Youngculture-Mobile.com (2014): *Wie funktionieren Beacons?* Abgerufen am 11.11.2014 von http://www.youngculture-mobile.com/wie-funktionieren-beacons/

[14] The Verge (2013): *Android 4.3 detailed in new leak, but updates are minimal.* Abgerufen am 11.11.2014 von http://www.theverge.com/2013/7/18/4534690/android-4-3-jelly-bean-revealed-via-leak

[15] Apple (2011): *What's new in iOS?* Aufgerufen am 11.11.2014 von https://developer.apple.com/library/ios/releasenotes/General/WhatsNewIniOS/Articles/iOS5.html

[16] Heise.de (2014): *iBeacons statt NFC.* Abgerufen am 11.01.2015 von http://www.heise.de/mac-and-i/artikel/iBeacons-statt-NFC-2140159.html

[17] Business Insider (2014): *BEACONS: What They Are, How They Work, And Why Apple's iBeacon Technology Is Ahead Of The Pack.* Abgerufen am 18.11.2014 von http://www.businessinsider.com/beacons-and-ibeacons-create-a-new-market-2013-12

Kapitel 5
Was macht eine erfolgreiche AR-Anwendung aus?

UM DAS GEHT'S!

- Wie sieht das passende Projektmanagement für die Umsetzung einer AR-App aus?
- User Experience und User Interface: Warum muss diesen Aspekten besondere Aufmerksamkeit geschenkt werden?
- Was macht „guten" AR-Content aus?
- Eigene App oder AR-Channel?
- Wie lässt sich der Erfolg von Augmented Reality messen?

1. Softwareentwicklung: Agile und Wasserfall

Wie entsteht eigentlich eine App? Was braucht man dafür? Wie lange dauert die Entwicklung? Viele Verantwortliche in Unternehmen und Agenturen tun sich schwer damit, eine Vorstellung davon zu entwickeln, wie ihre AR-App später aussieht, welche Wirkung der Content hat und wie die Interaktionen funktionieren. Bei der Entwicklung einer App ist es daher wichtig, möglichst zügig einen Eindruck davon vermitteln zu können. Denn unter Umständen besteht das Risiko, dass Funktionen, Bedienung und Content an den Interessen der Zielgruppen vorbei entwickelt werden.

Bezüglich der Umsetzung haben einerseits AR-Anbieter einen großen Erfahrungsschatz. Denn die verfügbaren Mobilgeräte entwickeln sich stetig weiter und bessere Geräte kommen auf den Markt. Daraus ergeben sich dann wiederum völlig neue Möglichkeiten. Andererseits wird mittlerweile aber auch in Unternehmen selbst entwickelt oder zumindest Teile davon vorbereitet.

PRAXISIMPULS

Ein AR-Konzept sollte früh im Unternehmen und mit den Zielgruppen getestet werden. Damit lässt sich das Risiko minimieren, dass die Vorstellungen auf Unternehmensseite und die Umsetzung auf Entwicklungsseite auseinanderdriften.

Wasserfall-Methode

Eine Variante der Softwareentwicklung ist die Wasserfall-Methode[1]: Dabei wird ein klarer Projektplan erstellt. Die Entwicklung findet bei den Programmierern statt, bis die App quasi fertig ist. Erst dann geht sie zum Kunden, um dort getestet zu werden. Der Vorteil dieser Variante liegt darin, dass sich alle Beteiligten am klar strukturierten Projektplan orientieren können. Das Risiko des Wasserfall-Prinzips besteht jedoch darin, dass die App nicht den Erwartungen des Unternehmens entspricht und viel Zeit verloren geht, bis dies festgestellt wird.

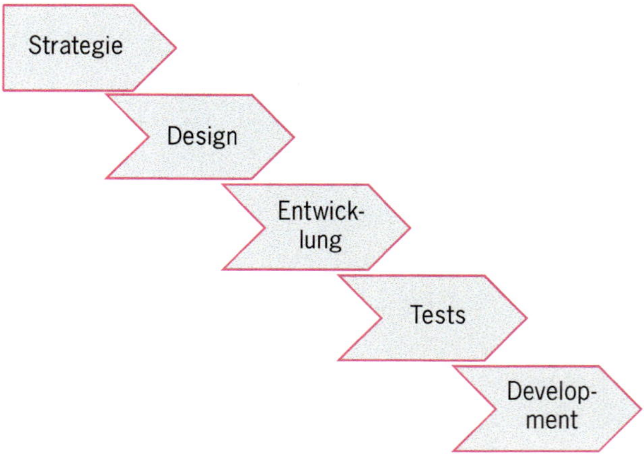

Abb. 46: Softwareentwicklung nach dem Wasserfall-Prinzip
Quelle: Eigene Darstellung

agile Methoden
Sprints
Iterationsschleife
Prototyp

Alternativ setzen App-Entwickler heute oft agile Methoden ein. Dabei finden einzelne Iterationsschleifen, sogenannte *Sprints*, statt. Schnell werden Prototypen erstellt, die nur die wichtigsten Funktionen enthalten. Diese abgespeckte Version geht dann direkt zum Unternehmen für eine Testschleife. Das Risiko einer Fehlentwicklung kann durch permanentes Testen und Feedback an die Entwickler minimiert werden.

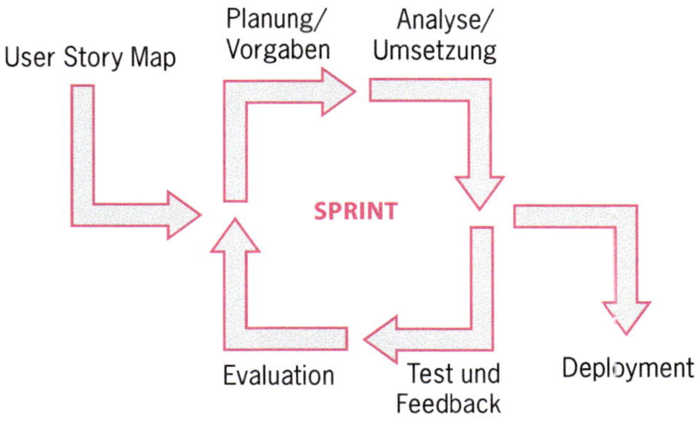

Abb. 47:
Agile Softwareentwicklung mit Sprints
Quelle: Eigene Darstellung

Der Ansatz der agilen Entwicklung stößt mittlerweile auf offene Ohren und bekommt mehr und mehr Zuspruch, z.B. durch die Produktentwicklung nach Eric Ries' *Lean-Methode*: die schnelle Fertigstellung eines *Minimum Viable Products* (MVP)[2].

Lean

Lean ist nichts Neues, sondern wurde vor allem durch Toyotas *Lean Production*[3] geprägt. Auch beim Minimum Viable Product – ein Produkt mit minimalen Anforderungen und Eigenschaften – geht es vor allem für Start-ups um die schnelle Entwicklung eines schlanken Produkts mit reduzierten Features. Damit wird frühzeitig erkannt, welche Funktionen die Kunden brauchen und fordern, ohne zu viele Ressourcen zu verschwenden.

Für neue Technologien – und dies gilt für Augmented Reality genauso wie für Virtual Reality – kann somit Schritt für Schritt eine App entwickelt werden, die den Vorstellungen des Kunden und den Anforderungen der Zielgruppen entspricht.

Wasserfall-Prinzip oder agile Entwicklung: Welches das richtige Vorgehen ist, ist natürlich abhängig vom Projekt und vom Unternehmen. Häufig sind die Unternehmen Ersteres gewohnt.

Allerdings muss man sich ja nicht immer für Schwarz oder Weiß entscheiden. So haben wir bei den 10 Milestones in → Kapitel 6 auf S. 147 eine Mischung gewählt. Dort sind zehn wichtige Schritte definiert, an denen sich Unternehmen orientieren können. Zwischen den einzelnen Schritten finden frühzeitig Testschleifen statt, mit denen Anforderungen und Entwicklungsstand abgeglichen werden.

Warum diese Kombination? Weil jede Methode ihre Berechtigung hat. Wir empfehlen aber gerade aufgrund der Neuartigkeit von AR, frühzeitig einen ersten Prototypen zu entwickeln und den Kunden mit

Tests und Evaluation einzubeziehen. Jedes Unternehmen kann für sich entscheiden, welches der passende Weg ist.

Nach einem kurzen Abstecher in die Softwareentwicklung konzentrieren wir uns in den folgenden → Unterkapiteln auf die einzelnen Bausteine und Schritte innerhalb der Entwicklung. Dabei stellt sich die Frage: Wie baut man eine erfolgreiche Augmented-Reality-Anwendung? Auf die einzelnen Punkte gehen wir auf den folgenden Seiten ein.

BAUSTEINE EINER AR-ANWENDUNG

- Konzept und User Story Map
- Content mit Flow-Erlebnis
- Informationen mit Relevanz und Kontextbezug
- Intuitives User Interface für intensive User Experience
- Aussagekräftige KPIs für Erfolgsmessung

2. Konzept, Ziele und Einsatzgebiete

Die Marke eines Unternehmens ist mehr als nur ein Logo. Es handelt sich dabei vielmehr um ein Versprechen, das es jeden Tag beim Kunden einzulösen gilt. An dieser Stelle müssen wir wohl nicht über die Sinnhaftigkeit einer klaren Positionierung mit einer eindeutigen und kohärenten Markenstrategie diskutieren. Mittlerweile ist wohl allen klar, dass eine solche für jedes erfolgreiche Unternehmen – ob Großkonzern oder Start-up – unabdingbar ist.

PRAXISIMPULS

Die Strategie ist der Weg zum Ziel. Und um dieses zu erreichen, macht es Sinn, sämtliche Marketing- und Kommunikationsmaßnahmen nach einem ganzheitlichen Konzept auszurichten. Hier verhält es sich bei Augmented Reality nicht anders als bei den klassischen Medien, die bisher in den Medienmix miteinbezogen wurden. AR sollte nicht isoliert betrachtet werden, sondern eben auch als Teil eines Ganzen.

Dies setzt aber voraus, dass das Thema bei den verantwortlichen Personen in Agenturen und in Unternehmen ankommt und die Technologie als konzeptionelles Element gesehen wird – und zwar als Tool für alle

Bereiche, bei dem es keine Abgrenzung mehr gibt zwischen Marketing und PR.

Zuerst geht es also darum, mithilfe einer Situationsanalyse die Grundlagen für das zu entwickelnde Kommunikationskonzept zu schaffen. In einer Analysephase werden relevante Informationen gesammelt. Anschließend wird dann das Material ausgewertet, gewichtet und danach die Situationsanalyse ausformuliert.

In einer weiteren Phase werden dann die Zielsetzungen und die Zielgruppen definiert und die Kommunikationsstrategie und die entsprechenden Maßnahmen festgelegt. Die genaue Bestimmung der Zielgruppe ist bei der Ausarbeitung des Konzeptes zentral. Denn das hat einerseits Einfluss auf die Inhalte (Was soll vermittelt werden? Eher Information? Eher Entertainment?) und andererseits auf das User Interface und die User Experience (UI/UX).

Konzept

UI/UX

MÖGLICHE ZIELE EINES AR-KONZEPTS

- Marken-/Imagebildung
- Positionierung von Marke bzw. Produkt/Dienstleistung
- Kaufentscheidung unterstützen
- Engagement auf Messe oder am Point-of-Sale schaffen
- User Engagement im Social Web stärken
- Crossmediales Interface für Kampagnen
- Traffic auf Onlinemedien und Onlineshops erhöhen
- Visualisierung von Produktfeatures
- Produkteinführung und Produkttraining

In der Konzeptionierungsphase sollten auch bereits geeignete Evaluierungsinstrumente für eine quantitative Erfolgskontrolle eingeplant werden. Denn ein Konzept ist gut – aber es muss auch regelmäßig überprüft werden, ob die Maßnahmen auch die erwarteten Resultate liefern.

Erfolgskontrolle

Für AR gilt also das Gleiche wie für alle anderen Medien auch: Man sollte die Technologie nicht verwenden, wenn man nicht weiß, was man genau damit erreichen will. Als erstes muss sich ein Unternehmen die Frage stellen, was der Nutzer damit anfangen soll und wie man erreicht, dass er die Anwendung nicht nur einmal, sondern mehrmals verwendet. Mit anderen Worten: Man muss versuchen, sich in den Nutzer hineinzuversetzen.

PRAXISIMPULS

Verglichen mit traditionellen Medien hat Augmented Reality eine signifikante Stärke: Dadurch, dass der Nutzer mit den Inhalten interagieren kann, lässt sich mehr Aufmerksamkeit für dieselben erzielen. Dieses Potenzial gilt es auszuschöpfen.

Ein entscheidender Vorteil von AR liegt im spielerischen Zugang zu Inhalten. Eine gute Anwendung macht neugierig und erhöht die Wahrnehmungsspanne. Denn durch die Möglichkeit der Interaktion und des haptischen Erlebens (ohne konkretes haptisches Produkt) werden Emotionen geweckt und der Nutzer beschäftigt sich länger damit.

AR ist geradezu prädestiniert, um Geschichten zu erzählen und zu inszenieren. Im Vergleich zu einem Video (bei dem klar ist, dass alles vorproduziert ist) kommt es bei Augmented Reality durch die Art der Darstellung (Kombination von realer und virtueller Welt) zu einer stärkeren Realitätswahrnehmung. Der Nutzer konsumiert nicht nur, sondern er wird Teil des Geschehens. Orte und Situationen zu sehen und zu erleben, aus einer Perspektive, die normalerweise eben nicht eingenommen werden kann – dieser Ansatz eröffnet ganz neue Möglichkeiten im Bereich des Storytelling. Leider wird noch zu wenig in diese Richtung gedacht. Es bleibt aber zu hoffen, dass wir künftig mehr Anwendungen sehen werden, die sich diese Stärke von AR zunutze machen.

Storytelling

Ein weiterer Punkt sollte beim Ausarbeiten des Konzeptes auf keinen Fall vergessen werden. Es ist wichtig, dass man sich auch darüber Gedanken macht, wo die Anwendung zum Einsatz kommt. Ist das in einer Messehalle mit öffentlichem WIFI-Zugang? Oder irgendwo draußen mit schlechter Netzabdeckung? Solche Überlegungen sind zentral, denn auch wenn die Idee inhaltlich überzeugt – die technische Umsetzung ist unter Umständen nicht ganz einfach. Die Art des Netzzugangs muss zwingend berücksichtigt werden. Denn je nachdem erübrigt sich hier bereits die Frage, ob die Inhalte über eine eigene App oder einen Kanal in einem AR-Browser verbreitet werden sollen (→ Kapitel 5, S. 134).

Netzabdeckung

3. Content, Context und Flow

Wie für jedes andere Kommunikationsinstrument gilt auch für Augmented Reality: Content is king. In der heutigen informationsübersättigten Zeit haben nur „gute“ Inhalte überhaupt eine Chance, nicht sofort weggeklickt zu werden. Stellt sich nur die Frage: Was genau zeichnet denn guten AR-Content aus?

Während den Vorbereitungen zu diesem Buch haben wir sehr viele Gespräche mit Personen geführt, die sich täglich mit diesem Thema auseinandersetzen. Wem auch immer wir die Frage stellten – die Kernbotschaft fiel jedes Mal sehr ähnlich aus und lässt sich prägnant in ein Schlagwort verpacken: Mehrwert für den Nutzer.

Die Zeiten, in denen man mit einer AR-Anwendung auf den Wow-Effekt setzen konnte, sind endgültig vorbei. Zum Glück. Heute reicht es einfach nicht mehr aus, wenn irgendetwas herauspoppt (tanzendes Nilpferd lässt grüßen) und der Nutzer nichts damit anfangen kann. Und je stärker die Neuartigkeit von AR abnimmt, umso wichtiger wird der Content.

Flow: Information und Entertainment

Die Menschen wollen unterhalten werden – auch dann, wenn sie Informationen konsumieren. Das eine schließt das andere nicht aus. Dass wir schnöde Informationen in Geschichten verpackt einfacher verarbeiten, ist kein Geheimnis.

PRAXISIMPULS

Mit Augmented Reality wollen wir den Nutzer unterhalten, so dass die Informationen automatisch aufgenommen werden. Je aktiver bzw. interaktiver dies geschieht, desto größer ist die Wahrscheinlichkeit, dass sich der Nutzer an unsere Marke, unser Produkt oder unsere Dienstleistung erinnert bzw. sie wiedererkennt. Was wir dafür brauchen: den Flow – die richtige Mischung aus Information und Unterhaltung.

Die sogenannte *Flow-Theorie*[4] stellt den Zusammenhang zwischen der Komplexität der Informationen mit den Wahrnehmungsfähigkeiten der Nutzer her. Ist die Information zu komplex, fühlt sich der Nutzer überfordert. Ist der Content langweilig, dann mangelt es an Stimuli. Es braucht also ein auf den jeweiligen Nutzer angepasstes mittleres Erregungsniveau, damit das Flow-Erlebnis entsteht.[5] Flow-Theorie

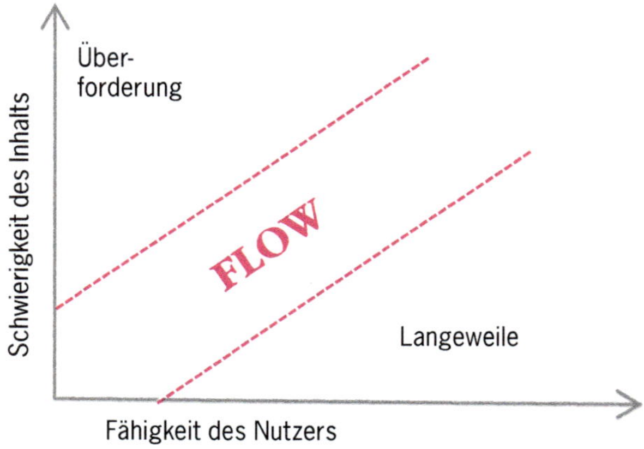

Abb. 48: Flow-Erlebnis: die passende Mischung für den Nutzer
Quelle: Eigene Darstellung in Anlehnung an Sherry (2004)[6]

Der Content muss interessant und anregend sein, er muss Überraschungen bieten und gleichzeitig informativ sein. Stimuliert er den Nutzer nicht, sondern langweilt ihn nur, dann wendet er sich schnell ab. Natürlich kann auch hochkomplexer Content für eine bestimmte – aber meist sehr kleine Zielgruppe – interessant sein.

Wenn wir Augmented Reality in der Industrie einsetzen, dann stehen Informationen im Vordergrund und Unterhaltung spielt eher eine untergeordnete Rolle. In Marketing und PR allerdings ist es aber gerade die Mischung aus Daten, Emotionen und Interaktion, die Augmented Reality so besonders macht. Unbestritten ist auf jeden Fall, dass der Content für den Nutzer verständlich sein muss.

Interessanter Content ist nicht gleich interessanter Content. Je nach Erfahrungen, Vorwissen, Motivation und den Fähigkeiten des Nutzers bedarf es der richtigen Flow-Mischung.

MERKMALE FÜR DIE WIRKUNG VON CONTENT[6]:

- Komplexität des Contents
- Verständlichkeit des Contents
- Schnelligkeit der Informationsübermittlung
- Brüche und unlogische Abfolgen

Gamification

Internet of Things

Als Sahnehäubchen auf das Flow-Dessert aus Information und Entertainment bringen wir am Schluss auch noch eine Portion Gamification. Denn durch die Vernetzung von Mensch und Maschine im Internet of Things entstehen ganz neue Möglichkeiten der Interaktion. Spielerische Elemente werden mittlerweile ganz bewusst im Marketing eingesetzt, um mehr Aufmerksamkeit und stärkeres User Engagement zu erreichen. Was in Games funktioniert, bereichert auch Business-Apps: Levels, Wertungen, Belohnungen.[2] Die typischen Mechanismen aus Spielen wirken nicht nur beim Lernen, sondern überall in unserem Alltag. Wer Informationen am Ende eines Levels zusammengefasst bekommt, der erinnert sich besser an den Content. So lassen sich beispielsweise bei Augmented Reality nach informativem 3D-Content ergänzende und interaktiv gestaltete Wissenskarten einsetzen.

Mehr Relevanz bitte: Content mit Context

Content Marketing

Nun haben wir viel über Content gesprochen. Content Marketing ist eines der Buzzwords im modernen Marketing. Wie wichtig der richtige Content für den Erfolg von Augmented Reality ist, haben wir bereits deutlich gemacht. Wie wäre es, wenn wir nun über *Context Marketing* sprechen? Richtig gelesen. Das ist kein Schreibfehler: Context. Bereits in → Kapitel 3, S. 60 haben wir gezeigt, wie viel Information wir tagtäglich über uns ergehen lassen müssen. Wie also sorgen wir dafür, dass unser Content in der Augmented-Reality-App ankommt? Ganz einfach: Wir machen ihn relevant.

Context Marketing

Relevanz ist in der Informationsflut der Warp-Antrieb. Was hilft es mir, wenn ich am Samstagabend mit meiner Familie zu Hause auf dem Sofa sitze und einen Starbucks-Gutschein bekomme? Nichts. Laufe ich aber in der Nähe eines Coffeeshops vorbei und werde auf ein Angebot für meinen Lieblingskaffee aufmerksam gemacht: Voilà. Das nennen wir *kontextbezogene Information*.

PRAXISIMPULS

Kontextbezogene Informationen erreichen den Nutzer zur richtigen Zeit am richtigen Ort auf dem richtigen Device. Der Content hat aufgrund von Vorlieben, Interessen, Erfahrungen oder bisherigem Verhalten besondere Relevanz für den Nutzer. Das Ergebnis ist eine höhere Bedeutung des Contents für den Nutzer und folglich eine größere Aufmerksamkeit.

Relevanz

Der wohl bekannteste Tech-Blogger aus den USA, Robert Scoble, widmet diesem Thema ein ganzes Buch: *The Age of Context*[7]. Augmented Reality sowie Wearables – dazu zählen Datenbrillen und Smartwatches – sind dafür geschaffen, den Nutzern kontextbezogene Informationen zu liefern. Dies kann sowohl in der Freizeit wie auch in der Arbeitswelt sein.

Google hat die Glass genau dafür konzipiert. Sie soll künftig in der Lage sein, uns relevante Daten zur passenden Zeit am richtigen Ort anzuzeigen. Die notwendigen Daten dafür hat Google meistens. Hierzu genügt ein Blick auf *Google Now*: ein weiteres Beispiel für kontextbezogene Information.

Warum profitiert Augmented Reality von kontextbezogenem Content oder andersrum: Warum macht relevanter Content Augmented Reality zu einem zielgerichteten Kommunikationskanal? AR verknüpft, wie wir wissen, die reale Umgebung mit digitalen Informationen – die digitale Erweiterung der Realität. Das passiert genau dort, wo wir uns befinden (z.B. an einem bestimmten Ort), wo wir etwas suchen (z.B. zu einem Produkt) oder wo wir arbeiten (z.B. eine Anleitung). Damit verschmelzen wir die Technologie mit Content und Relevanz: das Ergebnis ist Context Marketing.

PRAXISIMPULS

Context Marketing ist also die Verschmelzung von Augmented Reality und Wearables mit Content Marketing. Augmented Reality liefert uns die relevanten Informationen direkt an den Ort des Geschehens; Content Marketing liefert die relevanten Stories und Flow-Erlebnisse.

Je mehr kontextbezogene Geräte Akzeptanz finden, desto größer werden die Möglichkeiten für Marketing und PR, den Nutzern eine sogenannte *Right-time Experience* zu verschaffen: ein Erlebnis zum passenden Zeitpunkt.[4] Wer sich als Marketing- und Kommunikationsprofi über personalisierte Kommunikation und Segment-of-One-Marketing[8] Gedanken macht, der sollte Context Marketing mit Augmented Reality und Wearables in seine Strategie einbeziehen.

Achtung: Gimmicks sind raus

Augmented Reality sollte daher nicht Selbstzweck sein – nur weil viele sie in irgendeiner Form einsetzen und man als Unternehmen auch nachziehen will. Wer das versucht, tut weder sich selbst noch der Technologie als solcher einen guten Dienst. Daher sollte die erste Frage immer lauten: Ist Augmented Reality in diesem konkreten Fall überhaupt der richtige Weg? Braucht es wirklich die Technologie, um etwas ganz Spezifisches zu zeigen und erlebbar zu machen?

Eine AR-Anwendung sollte einen klaren Vorteil gegenüber einer Lösung ohne AR bieten. Denn nicht alles, was neu ist, ist zwingend auch besser. Die Botschaft lautet daher klar: Hände weg von Gimmick. Guter AR-Content sollte sinnhaft sein. Praktisch. Dem Nutzer eben einen Mehrwert bieten – damit er einen Grund hat, die Applikation nicht nur einmal, sondern mehrmals zu nutzen.

Gimmick

Um solchen Content überhaupt produzieren zu können, muss man sich als erstes Gedanken darüber machen, was der Benutzer erwartet und ob die angedachte AR-Anwendung überhaupt zur Zielgruppe passt.

Als nächstes sollte man sich damit auseinandersetzen, wie man sich die Stärken von AR zunutze macht. Was kann AR in dieser Situation zeigen, das andere Instrumente eben nicht können? Bestes Beispiel sind hierfür 3D-Elemente, die aus verschiedenen Winkeln betrachtet werden können und mit denen der Nutzer auch interagieren kann.

Denn genau das sind die Qualitäten von Augmented Reality: Dynamik und Interaktivität. Und AR-Content sollte dem angepasst sein. Durch AR Inhalte aufzurufen, mit denen der Nutzer nicht interagieren kann, ist verschleudertes Potenzial. Zum Beispiel: Wenn Sie von Ihrer Printbroschüre auf ein weiteres Text-Layer verweisen, macht das kaum Sinn. Ebenso wenig, wenn es sich dabei um eine Verlinkung zur Website des Unternehmens handelt – und diese noch nicht einmal mobile-optimiert bzw. responsive ist.

Zum Qualitätsaspekt ist zudem hinzuzufügen: Ein Unternehmen sollte sich auch überlegen, ob Augmented Reality überhaupt zur Marke passt und ob mit der Anwendung nicht unter Umständen mehr Schaden als Nutzen erzielt wird. Auch hier wieder ein Beispiel: Eine Firma möchte dem Nutzer ermöglichen, aus der Printbroschüre heraus ein 3D-Modell eines Produktes aufzurufen. Nun muss aber berücksichtigt werden, dass die Anzahl der Polygone, die auf einem Smartphone gleichzeitig dargestellt werden können, gegenwärtig noch beschränkt ist. Es kann also sein, dass das Produkt im 3D-Modell nicht den Qualitätsanforderungen der Firma entspricht.

Polygone

4. User Experience und User Interface (UX/UI)

UX/UI

UX und UI sind zwei Buchstabenpaare, die es nicht erst seit Augmented Reality gibt. User Experience (UX) und User Interface (UI) gibt es überall in unserem Alltag, nur nehmen wir das schon gar nicht mehr wahr, weil es für uns selbstverständlich geworden ist und weil wir daran gewöhnt sind. Gewöhnung ist ein gutes Stichwort. Denn darauf beruht der Erfolg von UX und UI. Wenn etwas so intuitiv gestaltet ist, dass wir es einerseits als selbstverständlich und andererseits als intuitiv wahrnehmen, dann hat der UI/UX-Designer alles richtig gemacht.

WISSEN

User Experience

UX steht für User Experience: das Nutzerlebnis. Wie sind das Design und die Beschaffenheit eines Produkts, einer Dienstleistung oder einer Umgebung? Welchen Nutzen stiftet es dem Anwender?

Drei häufig genannte Kriterien dafür sind Qualität (im Sinne von z. B. Stabilität bei einer Software oder Zuverlässigkeit bei einem Auto), Nützlichkeit/Usability und Schönheit. Diese Kriterien sind auf den römischen Architekten und Ingenieur Vitruv[9], einen der ersten genannten Designer und Architekten, zurückzuführen. Ursprünglich für Gebäude definiert, finden sie heute noch immer Anwendung, wenn es um die Basis von User Experience geht.

Im Sprachgebrauch wird UI/UX heutzutage meist mit Websites oder Apps in Verbindung gebracht. Dabei geht es um weit mehr, als nur zu sehen, wie gut sich beispielsweise eine App bedienen lässt. UI/UX sind maßgeblich dafür verantwortlich, ob ein Produkt oder eine Leistung im Wettbewerb Akzeptanz erhält und letztendlich verkauft wird. UI/UX ist also mitverantwortlich für den Erfolg eines Produkts.[10] Um es deutlich zu sagen: Ein durchdachtes UI/UX-Konzept kann den Unterschied zwischen verschiedenen Apps oder Anwendungen sein. Bei der Entwicklung von neuen digitalen Technologien denkt man oft nicht daran, dass etwas wie UI/UX das Alleinstellungsmerkmal – den USP – ausmachen kann. Apple hat mit dem iPhone gezeigt, welche enormen Auswirkungen Design und Bedienphilosophie haben können, wenn sie richtig eingesetzt werden. Letztlich rechtfertigt Apple damit seine hohen Preise.

USP

Wie kaum ein anderes Unternehmen hat Apple über ausgezeichnete User Experience ihre Marke gestärkt. Jeder, der an anspruchsvolles Design und verständliche Bedienung denkt, verbindet dies mit der Marke Apple. Neben begeisterten Anwendern und überzeugten Käufern leistet durchdachtes UI/UX einen wichtigen Teil zur Markenbildung.

WISSEN

User Interface

Das User Interface (UI) ist die Schnittstelle zwischen Anwender und Maschine. Diese Art der Benutzerschnittstelle gehört zu den Mensch-Maschine-Schnittstellen (MMS). Dazu zählen haptische Interfaces wie ein Schalter und moderne Steuerung per Touch-Display, Gesten- oder Sprachsteuerung.

Je neuartiger und für den Menschen ungewohnter die zu bedienenden Geräte und Technologien sind, desto intuitiver und durchdachter müssen UI und UX sein. Unser Gehirn ist vor allem darauf ausgelegt, Regelmäßigkeiten in unserer Umwelt herauszufinden, um Voraussagen machen zu können und damit die Möglichkeit für zielgerichtete Handlungen zu haben. Einen Lichtschalter beispielsweise kennen wir schon lange. Wir haben die Funktionsweise gelernt. Kleine Kinder kennen heute Touchscreens von Kindesbeinen an. Neue Technologien und ihre Regelmäßigkeiten müssen wir erst erlernen.

Die Häufigkeit und Fülle, in der Technologie heute in unser Leben tritt, hat es nötig gemacht, User Interfaces so intuitiv wie möglich zu gestalten. Keiner kann und will ewig eine neue App lernen, vor allem wenn sie nur eine Kleinigkeit erledigt. Bedienerfreundlichkeit ist aufgrund der starken Konkurrenz zum Selektionsmerkmal geworden. Jedes Produkt ist anders, jede App hat andere Features. Deshalb müssen auch UI und UX sehr individuell entwickelt werden. Für AR-Anwendungen kann nur in geringem Maße auf die Erfahrungen im Bereich normaler Apps zurückgegriffen werden. Die Art der Kombination aus realer Welt und digitalem Content mithilfe von Kamera und Display ist den wenigsten Menschen vertraut. Dieser Schnittstelle muss ein bedeutendes Maß an Aufmerksamkeit geschenkt werden, wenn die AR-App Erfolg haben soll.

PRAXISIMPULS

Es gibt kein Standardschema für die Entwicklung von User Experience und User Interface für Augmented Reality. Es ist eine Mischung aus Erfahrung und iterativer Entwicklung mit User-Tests.

Bei der Entwicklung von UI und UX für AR-Apps spielen unterschiedliche Motive eine Rolle: Ziele, Zielgruppen, Content, Plattform, Device, CI-Richtlinien.

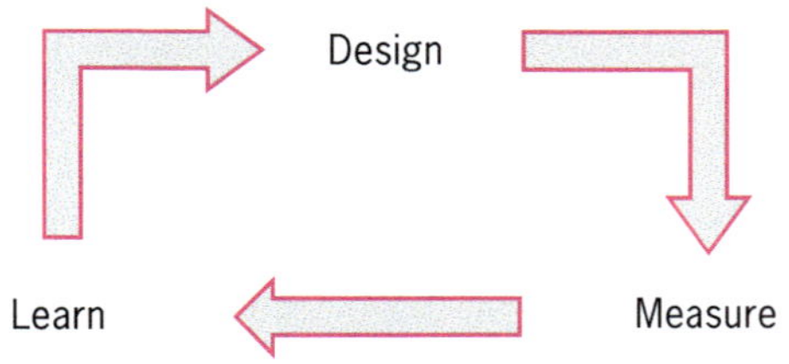

Abb. 49:
Iterative Entwicklung von UI/UX-Elementen
Quelle: Laura Klein (2013)[10]

User Centered Design

Seit den 1990er Jahren hat sich das User Centered Design (UCD) durchgesetzt. Dieses Prozessmodell für die Entwicklung von Interfaces ist in vier wesentliche Schritte eingeteilt:

PROZESSMODELL: USER CENTERED DESIGN (UCD)

- Analyse des Nutzungskontextes
- Definition der Anforderungen
- Konzeption und Entwurf/Prototyping
- Evaluation

Dieser nutzerorientierte Gestaltungsprozess, der sich meist an der Norm DIN EN ISO 9241–210 orientiert, stellt die Usability in den Mittelpunkt. Bereits 1985 haben Gould und Lewis[11] folgende Prinzipien für die Entwicklung von Software definiert:

PRINZIPIEN DER SOFTWAREENTWICKLUNG

- Iteratives Vorgehen
- Frühe Fokussierung auf Nutzer- und Aufgabenanforderungen
- Empirische Überprüfung der Entwürfe durch Nutzer

Für AR-Projekte ist dies aktueller denn je. Die Gestaltung der Szenen und deren Bedienung müssen in jedem Projekt in iterativen Schritten mit unterschiedlichen Personen getestet und verbessert werden. Es ist ein Annäherungsprozess, der die intuitive Bedienung und das größtmögliche Nutzererlebnis als Ziel hat.

Prototyp

Der erste Schritt heißt auch hier: einen Prototypen bauen. Schritt für Schritt wird dann der Content hinzugefügt und die Interaktionen werden eingebaut, bis am Schluss ein fertiges Modell der App für Tests außerhalb des Projektteams bereitsteht.

Je früher getestet werden kann, desto einfacher lassen sich die Erkenntnisse aus den User-Tests in die weitere Entwicklung von UX/UI einbinden. Die Gründe dafür haben wir bereits in → Kapitel 5, S. 120 erklärt.

Diesbezüglich empfehlen wir die Lektüre von *The product design sprint: a five-day recipe for startups*[12] von Jake Knapp und Daniel Burka, beides Mitarbeiter von Google Ventures. Auch hier wird der Fokus darauf gelegt, schnell Entscheidungen über die Elemente im Prototypen zu treffen. Ist etwas gut, bleibt es drin – ist es nicht überzeugend, dann fliegt es raus. Zügige Iterationsschleifen ohne zeitfressende Meetings mit großen Teams – eigentlich nichts Neues. Jeder, der Konzepte entwirft, weiß, dass es sich besser über konkrete Entwürfe diskutieren lässt, als in zahlreichen Meetings über Ideen zu fantasieren. Und das Wichtigste: Iteration spart in der Entwicklung Zeit und Geld.

Aus unserer Praxiserfahrung wissen wir, dass Unternehmen meist eigene Vorstellungen bezüglich UI und UX haben – insbesondere was das Design betrifft. Teils sind es Elemente, die auch in anderen Kanälen genutzt werden, teils stammt es aus normalen Apps. Hier können wir nur die Empfehlung geben: Überlassen Sie die Entwicklung von User Experience und User Interface den Spezialisten. Mittlerweile sind dies häufig Kognitionswissenschaftler, die wissen, wie unser Gehirn tickt und auf welche Reize es wie reagiert. Zusätzlich werden Experten aus den Bereichen der Zielgruppen hinzugezogen, die mit der Sprache der Nutzer vertraut sind. Das können Spezialisten aus dem Marketing, dem Engineering oder dem Customer Support sein.

Wir erleben es immer wieder, dass Verantwortliche aus unterschiedlichsten Unternehmensbereichen ihre Ideen verwirklicht wissen wollen. Leider ist dieses Vorgehen nicht zielführend. Der Nutzer gehört in den Fokus und nicht die Eitelkeit eines Projektleiters. Wir sagen dies so deutlich, weil es gerade bei AR-Anwendungen einen großen Einfluss auf den Erfolg der App hat.

Wir haben es bereits ausgeführt: Das Testen ist der zentrale Schritt. UI und UX lassen sich in bestimmtem Maße auch messen. Neben Eye-Tracking können auch die verwendeten Gesten auf dem Touch-Display getrackt werden. Dadurch lässt sich eine quantifizierte Verhaltensanalyse erstellen. Standardisierte Fragebögen stellen eine weitere Möglichkeit dar, um UX/UI zu messen.

PRAXISIMPULS

Weniger quantifizierbar, dafür noch wichtiger in der Entwicklungsphase sind Interviews und Beobachtung als Evaluierungsmethoden. Insbesondere die Beobachtung erlaubt wichtige Rückschlüsse auf Usability und User Experience. Ein Interview im Anschluss hilft dabei, die Erkenntnisse zu strukturieren.

Neben der Bedienlogik selbst geht es auch um die Erklärung derselben. Nicht immer lassen sich Anwendungen selbsterklärend gestalten. Je mehr Content und Features eine App hat, desto mehr Erklärung muss vorhanden sein. Die Bedienung und die Funktionen der App können dabei in die Interaktionen integriert sein, auf Abruf zur Verfügung stehen oder auch beim Start der App eingeblendet werden. Dies ist abhängig vom Konzept und den Anforderungen der Zielgruppen.

5. AR-Channel oder eigene App?

AR-Browser
AR-App

Was genau ein AR-Browser und eine AR-App ist, haben wir bereits in → Kapitel 2 auf S. 51 erläutert. Im Folgenden wollen wir nun aufzeigen, was die Vor- und Nachteile von beiden Lösungen sind und welche Überlegungen sich Unternehmen machen sollten, wenn sie sich mit dem Gedanken tragen, AR einzusetzen.

PRAXISIMPULS

Das schlagkräftigste Argument bezüglich des Einsatzes eines AR-Browsers sind ganz klar die niedrigeren Entwicklungskosten. Denn es kostet viel weniger, die Inhalte über einen Kanal eines bestehenden Browsers wie Aurasma, Layar oder Wikitude etc. zu verbreiten, als dafür eine eigene App entwickeln zu lassen.

Ein weiterer Vorteil dieser Verbreitungsmethode kann im Bekanntheitsgrad bereits etablierter AR-Browser liegen. Eine eigene App kennt zunächst keiner, sofern es sich nicht um eine bereits bestehende oder die eines bekannten Unternehmens handelt. Sie bekannt zu machen, ist mit einem beträchtlichen Werbeaufwand verbunden. Für größere Firmen mag das wohl gehen, weniger bekannte müssen sich gut überlegen, ob sie dazu die nötigen Mittel haben und ob es nicht sinnvoller wäre, auf einen AR-Browser zurückzugreifen, der bereits von vielen Nutzern verwendet wird. Zumal es heute gar nicht mehr so einfach ist, die Leute dazu zu bringen, eine weitere Spezial-App herunterzuladen – insbesondere wenn der Nutzer nicht genau weiß, ob er dadurch auch wirklich einen Mehrwert bekommt oder ob es sich dabei (wie es leider häufig vorkommt) einmal mehr nur um eine Eintagsfliege handelt.

Allerdings muss sich ein Unternehmen bewusst darüber sein, dass es automatisch auch Werbung für den AR-Browser macht, wenn es den Firmenkanal bewirbt. Und eventuell ist dort auch die Konkurrenz mit einem Kanal zur Untermiete und steht bezüglich Positions-Ranking womöglich sogar noch besser da.

Für AR-Browser spricht wiederum, dass es sie bereits für alle relevanten Plattformen (iOS, Android etc.) gibt. Das bedeutet: Entwickelt man einen Kanal für einen der Browser, ist man automatisch auf allen Plattformen vertreten – ohne zusätzliche Mehrkosten. Auf den ersten Blick muss die eigene App für jedes Betriebssystem neu programmiert werden. Augmented-Reality-Szenen werden mittlerweile meist mit der bekannten Game Engine *Unity3D* erstellt. Unity erlaubt per Cross-platform-scripting[13], dass der programmierte Code auf einer Vielzahl an Plattformen läuft (u. a. iOS, Android, Windows, Linux, Blackberry). Damit entfällt die komplette Neuprogrammierung. Was allerdings nicht zu vermeiden ist (und das trifft hauptsächlich auf Android zu): Anpassungen an viele unterschiedliche Displaygrößen, Geräte mit unterschiedlicher Performance und eine große Verteilung bei den installierten Betriebssystemversionen.

PRAXISIMPULS

Dafür ist man bei einer eigenen App bei der Wahl der Features deutlich freier, da ein AR-Browser natürlich nicht mit einer individuell programmierten App konkurrieren kann. Design und Usability können bei einem

AR-Browser nur bedingt angepasst werden. Mit einer eigenen App behält das Unternehmen die uneingeschränkte Branding-Hoheit und das Corporate Design kann auch bei der App angewendet werden.

Polygone

Dazu kommt, dass die AR-Browser aufgrund ihrer Standardisierung einen begrenzten Umfang an Funktionen erlauben. So lassen sich beispielsweise 3D-Modelle darstellen, sind allerdings in ihrer Qualität (Anzahl an Polygonen) begrenzt. Ebenso lassen sich Interaktionen an den Modellen lediglich in limitierter Art und Anzahl einbinden.

Plug-in

Mittlerweile haben einige Anbieter von AR-Browsern auf das Bedürfnis vieler Entwickler reagiert, die Inhalte lieber in einer (bereits bestehenden) eigenen App anzubieten, anstatt in der Masse der Kanäle des Browsers unterzugehen. Sie bieten nun Plug-ins an, die sich in die eigene App integrieren lassen. Damit kann dann auf festgelegte Browser-Kanäle zugegriffen werden.

Netzabdeckung

Ein weiterer Vorteil einer eigenen AR-App besteht darin, dass sämtliche Inhalte (Informationen, 3D-Grafiken, Bilder, Texte etc.) in der Anwendung selbst untergebracht werden können. Zum einen ist man so nicht von einem AR-Browser abhängig und zum anderen benötigt der Nutzer für den Einsatz der App nicht zwingend eine Internetverbindung – im Gegensatz zu einem AR-Browser, wo der Content auf dem Server des Anbieters liegt und bei Benutzung des Channels erst von dort abgerufen werden muss. Je nach Art und Einsatzort der Anwendung ist das ein entscheidender Faktor. So wird beispielsweise eine Augmented-Reality-Tour oder ein interaktiver Messebesuch bei den Nutzern wohl keine Begeisterungsstürme hervorrufen, wenn die Netzabdeckung so schlecht ist, dass die Inhalte nicht aufgerufen werden können. Ebenfalls problematisch wird es, wenn Touristen aus dem Ausland die Anwendung nutzen wollen. Denn dadurch entstehen für diese horrende Roaming-Kosten.

Die Unterbringung aller Inhalte in einer App birgt allerdings wieder einen Nachteil. Denn dadurch benötigt sie sehr viel Speicherplatz, über welchen Mobilgeräte aber nur begrenzt verfügen. Zudem muss der Nutzer die App zuerst herunterladen, bevor er sie einsetzen kann – wofür wiederum eine ausreichende Netzverbindung oder optimalerweise WIFI vorhanden sein muss (bei einer App über 100 MB geht der Download im Apple App Store beispielsweise nur über WIFI).[14]

Auf der Pro-Seite ist zu verbuchen, dass die Inhalte für den Nutzer sofort verfügbar sind und es beim Einsatz der App kaum zu störenden Ladezeiten kommt. Wohingegen die Inhalte bei einem AR-Browser fortwährend geladen werden müssen. Je nach Art der Internetverbindung und der Größe der Inhalte kann es darum zu Stockungen kommen oder die Verbindung kann sogar ganz ausfallen.

Was sich bei AR-Browsern leider noch problematisch gestaltet, sind die fehlenden Standards. Denn bei jedem Anbieter werden andere Anforderungen an die Aufbereitung der Inhalte gestellt. Das bedeutet: Will ein Unternehmen nicht nur in einem, sondern in allen bedeutenden AR-Browsern vertreten sein, müssen die Inhalte jedes Mal in einem anderen Format angeliefert werden, damit sie dort aufgerufen werden können. Dies ist natürlich wieder zeitintensiv und produziert Mehrkosten.

	AR-Browser	AR-App
Vorteile	▶ niedrigere Entwicklungskosten ▶ hoher Bekanntheitsgrad ▶ mit einem Kanal ist man automatisch auf allen Plattformen vertreten ▶ Möglichkeit, via Plug-ins aus der eigenen App auf festgelegte Kanäle zuzugreifen	▶ deutlich freier bei der Wahl der Features ▶ uneingeschränkte Branding-Hoheit/Corporate Design ▶ alle Inhalte können in der App untergebracht werden ▶ nicht von AR-Browser abhängig ▶ für Einsatz keine Internetverbindung nötig ▶ keine störenden Ladezeiten
Nachteile	▶ Design und Usability können nur bedingt angepasst werden ▶ Internetverbindung zwingend nötig ▶ Inhalte können bei schlechter Netzabdeckung nicht aufgerufen werden, störende Ladezeiten ▶ Werbung kommt nicht nur dem eigenen Unternehmen zugute	▶ Programmierung ist aufwändig und teuer, muss für jedes Betriebssystem neu programmiert werden ▶ benötigt unter Umständen viel Speicherplatz ▶ hoher Werbeaufwand nötig, um App bekannt zu machen ▶ Zögerlichkeit der Nutzer, noch eine App herunterzuladen

Nachteile	▸ hohe Roaming-Kosten für ausländische Touristen ▸ fehlende Standards für Aufbereitung von Inhalten ▸ ggf. Hemmschwelle beim Download, da nicht die bekannte Marke auf der App steht, sondern ein häufig unbekannter Channel-Name.	▸ automatische Mitvermarktung des AR-Browsers (und eventuell auch der Konkurrenz)

Tab. 1:
Vor- und Nachteile von AR-Browser und eigener AR-App

6. Welche Evaluierungsmöglichkeiten bieten sich an?

Wer eine Augmented-Reality-App oder AR-Content für bestehende Apps entwickelt, der muss im Nachhinein auch den Erfolg messen können. Insbesondere neue Medien und Tools stehen unter starker Beobachtung, wie sie sich im Vergleich zu traditionellen Kanälen schlagen. Häufig sind es die innovativen Kommunikations- und Marketingmanager, die den Mut haben, etwas Neues zu versuchen. Ist das Management überzeugt und das Budget verfügbar, so braucht es auch eine aussagekräftige Erfolgsmessung.

Erfolgsmessung

Im Marketing und stärker noch in der Kommunikation ist die Evaluation vielfach eine Herausforderung. Nicht alles lässt sich vernünftig quantifizieren. Zumindest haben wir bei AR den Vorteil, dass eine Reihe an Standardwerten mit bekannten Tools ausgewertet werden können. Klar ist aber auch, dass sich nicht alles in Zahlen fassen lässt, was erkennbar einen Vorteil bringt.

AR-Apps können isoliert betrachtet und ausgewertet werden, um den Erfolg zu messen. Um eine bessere Erfolgsmessung zu erhalten, kann die AR-Anwendung mit anderen genutzten Kanälen verglichen werden. Damit lässt sich beurteilen, ob AR einen größeren Erfolg erzielen konnte als andere Medien. Ein hundertprozentiger Vergleich ist meist aber nicht gegeben, weil sich Faktoren ändern.

Eine weitere Möglichkeit besteht darin, den Anteil des Erfolgs von AR im Rahmen einer Kampagne zu verfolgen. Welcher Anteil am Erfolg der Kampagne entstand durch die Einbindung von Augmented Reality?

Bisher gibt es kaum verlässliche Studien und Zahlen zur Evaluation von Augmented Reality. Die Auswertungen bleiben meist in den Unternehmen und werden nicht veröffentlicht. In manchen Fällen gibt es aber zumindest ein paar Anhaltspunkte für den Erfolg von AR. In

→ Kapitel 4 auf S. 95 haben wir den Case von Monarch Airlines besprochen. Die AR-Box hatte 1.750 Unique User, die im Kampagnenzeitraum rund 8.000 Interaktionen durchführten. Die AR-Kampagne führte knapp 22% mehr Besucher auf die Website von Monarch Airlines und sorgte für einen Return on Invest (ROI) in Höhe von umgerechnet 2,7 Millionen Euro.[15] Natürlich ist uns bewusst, dass wir die Zahlen nicht belegen können, sondern auf die Angaben der Unternehmen vertrauen müssen. Die Relationen allerdings lassen darauf schließen, dass es reale Angaben sind.

PRAXISIMPULS

Je mehr Interaktionen die Anwender nutzen, desto intensiver befassen sie sich mit der AR-App und somit natürlich mit dem Content: den Produkten oder Dienstleistungen der Unternehmen.

Wer Erfahrung mit der Analyse von AR-Anwendungen hat, der weiß, dass unter den Interaktionen auch Versuche stecken können, bei denen der Anwender nicht wirklich interagieren kann, weil das Tracking nicht sauber funktioniert und abbricht. Hier müssen einerseits die Anzahl der Interaktionen und die Anzahl der Tracking-Abbrüche verglichen werden.

Wer AR-Apps analysieren will, sollte Erfahrung in der Auswertung mit Augmented Reality haben. Ein Beispiel ist die Evaluation der Verweildauer. Eine lange Verweildauer ist ebenso wie eine hohe Anzahl an Interaktionen ein Anzeichen für aktive Nutzung und hohes Involvement: Der Anwender befasst sich intensiv mit dem Content. Bei AR kann die Verweildauer allerdings auch dadurch erhöht werden, dass der Anwender den AR-Modus startet, die erste Interaktion ansteuert und anschließend das Smartphone, Tablet oder die Datenbrille auf die Seite legt. Ist die Kamerafunktion weiterhin am Laufen, so erhöht dies die Verweildauer. Hier sind also ebenso die Anzahl und die Art der Interaktionen zu vergleichen, um ein aussagekräftiges Ergebnis zu erhalten. Verweildauer

Ein weiteres Beispiel, bei dem ein paar Zahlen vorliegen, ist der aus → Kapitel 4 auf S. 93 bekannte Weser Kurier. Der Verlag berichtete über rund 17.000 App-Downloads und täglich ca. 70.000 Interaktionen – bei einer Auflage von knapp 160.000 verkauften Exemplaren der Tageszeitung aus dem Norden Deutschlands. Mehr als 10% der

Leser haben sich also bereits zu Beginn die AR-App heruntergeladen und nutzen durchschnittlich vier von 14 Inhalten täglich.[16] Insbesondere aktuelle Videos und Votings erfreuen sich großer Beliebtheit. Die ersten Auswertungen haben den Verantwortlichen wichtige Hinweise über die Interessen der Leser für AR gegeben. Damit sind sie nun in der Lage, sehr zielgerichtet Content anzubieten. Es reicht also nicht, einmalig eine App zu erstellen. Gerade die Erfahrungen daraus führen zu einem erfolgreichen Einsatz.

Empirische Methoden für die Erfolgsmessung

Zu Beginn des Kapitels haben wir erwähnt, dass es wichtig ist, zu einem frühen Zeitpunkt über die erforderlichen Indikatoren für die Erfolgsmessung nachzudenken. Zum einen müssen die Programmierer dies berücksichtigen, zum anderen ist es eine Grundvoraussetzung für ein aussagekräftiges Ergebnis.

WISSEN

Aus der empirischen Forschung wissen wir, dass es zwei unterschiedliche Methoden gibt: die quantitative und die qualitative Forschung. Während die quantitative Forschung auf zahlenmäßig darstellbaren, abstrakten Daten beruht, die z.B. aus Tests oder Fragebögen gewonnen werden, verwendet die qualitative Forschung Daten u.a. aus Texten, Bildern oder Filmen.

Daten aus quantitativer Forschung können aufgrund ihrer Standardisierung meist einfacher ausgewertet werden, was zu einer größeren Vergleichbarkeit der Daten führt. Es kann vorkommen, dass die Bedeutung der aus der qualitativen Forschung gewonnenen Daten nicht eindeutig ist, weshalb sie um die Kontextbedingungen ergänzt werden müssen. Dafür ist bei der qualitativen Forschung ein stärker detailliertes Ergebnis zu erwarten.[17]

Für AR wäre es empfehlenswert, beide Verfahren anzuwenden. Aufgrund des größeren Aufwands in der Untersuchung und der geringeren Vergleichbarkeit als bei quantitativen Methoden wird jedoch meistens darauf verzichtet. Üblicherweise werden Tools wie Google Analytics verwendet, die bereits im Unternehmen eingesetzt werden. Dabei sind es vor allem die weichen Faktoren, wie Usability und Erlebnisfaktor, die mit quantitativen Methoden nur erahnt werden können.

Google Analytics

Usability

Der Erfolg einer AR-App lässt sich nach unserer Erfahrung in fünf Kategorien ablesen.

FÜNF KATEGORIEN FÜR DEN ERFOLG MIT AR

- **Akzeptanz** in der Zielgruppe
- **Relevanz** für die Zielgruppe
- **Informationsgehalt**
- **Erlebnisfaktor**
- **Usability**

Key-Performance-Indikatoren (KPI)

Die fünf Kategorien lassen sich mit verschiedenen Key-Performance-Indikatoren messen – qualitativ und quantitativ. Jede App ist anders und jedes Unternehmen hat eigene Kriterien für die Erfolgsmessung. Nachfolgend listen wir als Grundlage die wichtigsten KPIs für Augmented Reality auf. Einige davon sind von Mobile Apps und Onlinemedien bekannt. Wichtig ist, die Besonderheiten von AR zu kennen.

	Key-Performance-Indikator (KPI)	Methodik
Quantitative Evaluation	Anzahl App-Downloads	z. B. iTunes Connect, Google Developer Console
	Besucher (Unique Visitors)	Analyse-Tools
	Bildschirmaufrufe (Visits)	Analyse-Tools
	Anzahl der Interaktionen/User	Analyse-Tools
	Anzahl der Interaktionen/Szene	Analyse-Tools
	Conversion Rate	Analyse-Tools
	Aufruf/Abbruch Tracking	Analyse-Tools
	Verweildauer	Analyse-Tools
	Betriebssystem der Geräte	Analyse-Tools
	Art der Mobilgeräte	Analyse-Tools
	Regionale Herkunft	Analyse-Tools
	Verzweigung zu anderen Onlineplattformen im Unternehmen (Website, Onlineshop etc.)	Analyse-Tools

Tab. 2: KPIs für quantitative Evaluation

	Key-Performance-Indikator (KPI)	Methodik
Qualitative Evaluation	Informationsgehalt	Interview, Feedback
	Lerneffekt	Interview, Experiment
	Erlebnisfaktor	Interview, Beobachtung
	User Interface/Usability	Interview, Feedback, Beobachtung
	User Experience/Storytelling	Interview, Feedback, Beobachtung
	Soziografische Merkmale[18]	Interview

Tab. 3: KPIs für qualitative Evaluation

Tools für die Erfolgsmessung

Für die Analyse von Mobile Apps und die Auswertung der User-Aktivitäten gibt es eine Vielzahl unterschiedlicher Tools.[19] Wir wollen uns auf die Systeme konzentrieren, die u. a. Interaktionen und Anwenderpfade messen. Wer tiefer in das Thema einsteigen möchte, der findet am Ende des Kapitels unsere Lesetipps.

Das bekannteste Tool für die Auswertung von Online- und Mobile-Maßnahmen ist Google Analytics. Es bietet eine Fülle an Informationen und Möglichkeiten zur Individualisierung – und obendrein ist es kostenlos. Sämtliche der genannten KPIs für quantitative Erfolgsmessung lassen sich mit Analytics auswerten. In → Abb. 50 sind die Aufrufe der

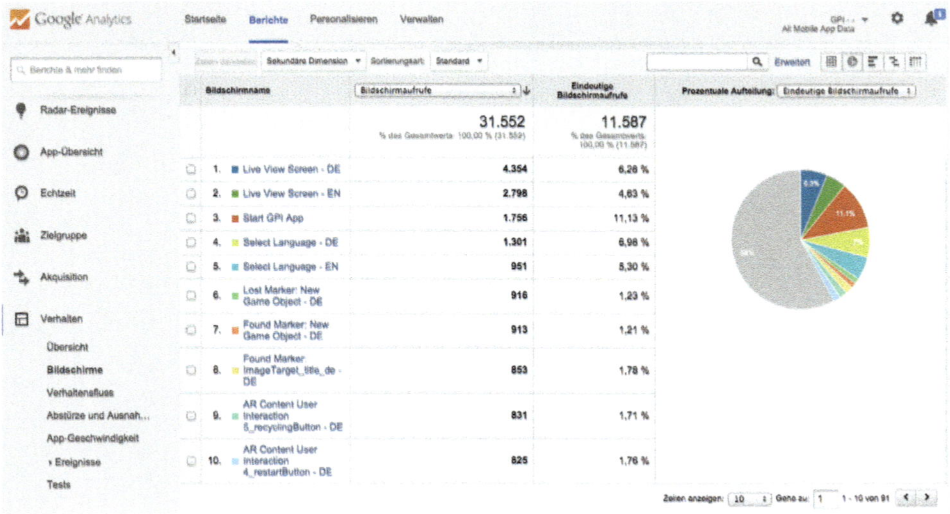

Abb. 50: Auswertung der aufgerufenen Bildschirminhalte mit Google Analytics
Quelle: Eigene Abbildung

unterschiedlichen Bildschirminhalte über einen definierten Zeitraum aufgelistet.

Mit Tools wie Google Analytics oder dem kostenpflichtigen Flurry Analytics lassen sich auch die genauen Schritte der Anwender durch die App verfolgen: die User Paths. Hier wird deutlich, wo die Benutzer bevorzugt interagieren oder wo sie abbrechen – entweder, weil der Content uninteressant, das User Interface wenig intuitiv gestaltet oder das Tracking instabil ist. Es kann natürlich auch sein, dass sie etwas anderes erwartet haben oder ganz einfach das erhalten haben, wonach sie gesucht haben. Dies lässt sich mit quantitativen Methoden nicht evaluieren. Hierzu müssten zusätzlich qualitative Elemente wie Interviews oder Feedback-Fragebögen eingesetzt werden.

Flurry Analytics

User Paths

Abb. 51:
User Path in einer AR-Anwendung mit Google Analytics
Quelle: Eigene Abbildung

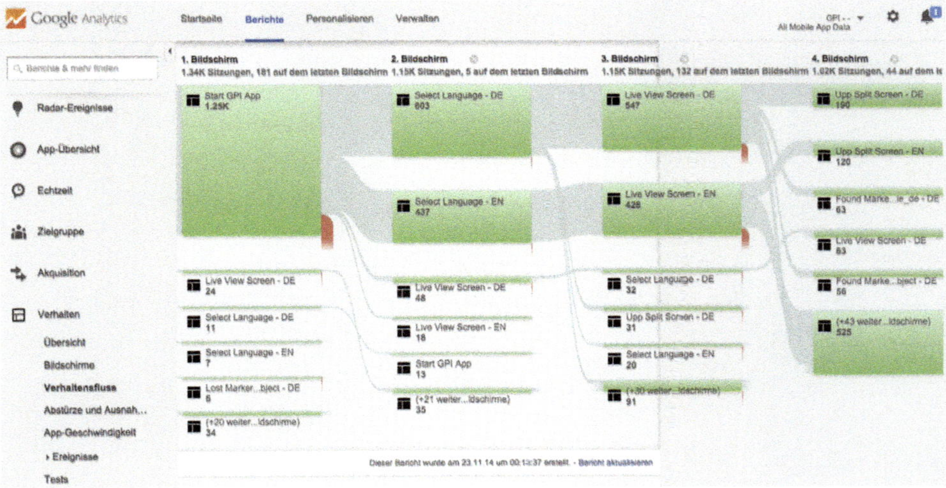

PRAXISIMPULS

Zusammengefasst gibt es also harte Faktoren (z.B. Anzahl der Interaktionen) und weiche Faktoren (z.B. Usability). Gleichzeitig gibt es viele Einflussfaktoren, die in den Ergebnissen enthalten sind. Möglicherweise sorgt eine weitere Marketingkampagne oder PR-Maßnahme für Aufmerksamkeit und die AR-App profitiert davon oder das Unternehmen gerät in eine Krisensituation und die Nutzung stagniert. Bei der Erfolgsmessung sind zusätzlich zu den qualitativen und quantitativen Methoden auch eine Portion gesunder Menschenverstand und Einblicke ins Unternehmen erforderlich.

Rechtliche Vorgaben zu Google Analytics für Mobile Apps

Analytics lässt sich in jede Mobile App integrieren. Neben den Standardauswertungen ist es für die Programmierung wichtig, welche KPIs für die Anwendung zentral sind. Dies kann je nach Anwendungszweck und Unternehmen unterschiedlich sein. Überaus wichtig ist bei dem Thema, dass die rechtlichen Vorgaben umgesetzt werden.

PRAXISIMPULS

Opt-out

Während beispielsweise das Impressum in der App dem des Webauftritts ähnelt oder meist identisch ist, so muss bei Mobile Apps auf das Thema *Opt-out* geachtet werden. Bei Internetbrowsern ist es üblich, für Google Analytics eine Option zur Vermeidung der Aufzeichnung der User-Aktivitäten anzubieten.

Per Weblink kann der Anwender die Aufzeichnung deaktivieren. Dies geschieht über ein Add-on im Browser. Die Browser von Mobilgeräten unterstützen die Funktionalität meist nicht. Deshalb empfehlen sowohl Google wie auch Datenschützer[20] hierfür eine Abwahlmöglichkeit des Punkts „Daten senden" direkt in der App.

LESETIPPS

- Scoble, Robert/Israel, Shel (2013): *The Age of Context: Mobile, Sensors, Data and the Future of Privacy*, CreateSpace Independent Publishing Platform
- Baetzgen, Andreas/Tropp, Jörg (2013): *Brand Content – Die Marke als Medienereignis*, Schäffer-Poeschel-Verlag
- Klein, Laura (2013): *UX for Lean Startups: Faster, Smarter User Experience Research and Design*. O'Reilly Media
- Knapp, Jake: *The product design sprint: a five-day recipe for start-ups*. http://www.gv.com/
- Crum, Cindy (2011): *Mobile Marketing: Erreichen Sie Ihre Zielgruppen*, Pearson Deutschland, Addison-Wesley Verlag

Anmerkungen

1 von Gagern, Stefan (2013): *Agile Entwicklung, frühe Seitentests: Projektmanagement für Web-Entwickler*, Abgerufen am 30.11.2014 von http://www.computerwoche.de/a/projektmanagement-fuer-web-entwickler,2528465.

2 Ries, Eric (2014): *Lean Startup: Schnell, risikolos und erfolgreich Unternehmen gründen*, Redline Verlag.

3 Liker, Jeffrey (2004): *The Toyota Way: 14 Management Principles from the World's Greatest Manufacturer*, Auflage: 1. McGraw-Hill.

4 Csikszentmihalyi, Mihaly (1990): *Flow the Psychology of Optimal Experience*, New York: Harper & Row.

5 Baetzgen, Andreas/Tropp, Jörg (2013): *Brand Content: Die Marke als Medienereignis*, Stuttgart: Schäffer-Poeschel.

6 Sherry, John L. (2004): *Flow and Media Enjoyment*, In: Communication Theory. 14 (4), S. 328–347, doi: 10.1111/j.1468-2885.2004.tb00318.x.

7 Scoble, Robert/Israel, Shel (2013): *The Age of Context. Mobile, Sensors, Data and the Future of Privacy*, CreateSpace Independent Publishing Platform.

8 Hahn, Carsten H. (2002): *Segmentspezifische Kundenzufriedenheitsanalyse: neue Ansätze zur Segmentierung von Märkten*, Springer-Verlag.

9 Wikipedia (2014): *Vitruv*, Abgerufen am 4.12.2014 von http://de.wikipedia.org/wiki/Vitruv

10 Klein, Laura (2013): *UX for Lean Startups: Faster, Smarter User Experience Research and Design*, O'Reilly Media

11 Gould, John/Lewsi, Clayton (1985): *Designing for usability: key principles and what designers think*, (Volume 28, Issue 3) New York/USA (Communications of the ACM).

12 Knapp, Jake (2013): *The product design sprint: a five-day recipe for startups*. Abgerufen am 12.02.2015 von http://www.gv.com/lib/the-product-design-sprint-a-five-day-recipe-for-startups

13 Unity (2015): *Effortlessly unleash your game on the world's hottest platforms*, Abgerufen am 13.01.2015 von http://unity3d.com/unity/multiplatform.

14 Apple Inc. (2015): *App Store Review Guidelines*. Abgerufen am 11.01.2015 von https://developer.apple.com/app-store/review/guidelines/.

15 Runacus, Mark (2014): *2013 Grand Prix Winner. DMA Awards*. Abgerufen am 23.11.2014 von http://www.dmaawards.org.uk/2013-grand-prix-winner.

16 Kornfeld, Henning (2013): *Die Zauberlehrlinge der Verlagsbranche*, Kress Report, 2013, S. 16–17.

17 Witt, Harald (2001): *Strategies in Qualitative and Quantitative Research*, In: Forum Qualitative Sozialforschung/Forum: Qualitative Social Research. 2 (1).

18 Krum, Cindy (2011): *Mobile Marketing: Erreichen Sie Ihre Zielgruppen*, Auflage: 1. München u. a.: Addison-Wesley Verlag.

19 Web Analytics Tools (2014): *Web Analytics Tools*, Abgerufen am 24.11.2014 von http://web-analytics-tools.com/.

[20] Kühn, Ulrich (2011): *Beanstandungsfreier Betrieb von Google Analytics ab sofort möglich. Der Hamburgische Beauftragte für Datenschutz und Informationsfreiheit.* Abgerufen am 24.11.2014 von https://www.datenschutz-hamburg.de/news/detail/article/beanstandungsfreier-betrieb-von-google-analytics-ab-sofort-moeglich.html.

Kapitel 6
Praxiswissen: Von der Idee zur AR-App

UM DAS GEHT'S!

- 10 Milestones in der Praxis: Von der Idee zur App
- Wie werden Ideen für AR-Umsetzungen entwickelt?
- Wie lässt sich eine AR-Anwendung kalkulieren?
- Welche Bausteine hat eine AR-App?
- Was ist bei User-Tests für AR zu beachten?
- Welche Besonderheiten gibt es bei Apple & Co. für AR, damit die App in die Stores kommt?

1. Entwicklung einer AR-App im Überblick

Nachdem wir uns mit dem Konzept, dem möglichen Content und den App-Varianten befasst haben, führen wir nun alles zusammen. Einen Überblick zu den zehn wesentlichen Milestones auf dem Weg von der Idee bis zum App-Store vertiefen wir mit Erfahrungswerten aus der Umsetzung zahlreicher AR-Apps. Dabei geht es um den zeitlichen Ablauf, die wesentlichen Faktoren in der Kalkulation und die praktische Umsetzung, bis die App veröffentlicht ist.

In der folgenden → Infografik sind die wichtigen Milestones auf dem Weg zur fertigen AR-App in den Stores dargestellt. Sie zeigt den Ablauf Schritt für Schritt und Sie bekommen eine konkrete Vorstellung darüber, was notwendig ist und wie viel Zeit Sie dafür einplanen müssen. Die in der Infografik beispielhaft illustrierten zwölf Wochen sind ein Durchschnittswert. Letztendlich ist der exakte Zeitbedarf von verschiedenen Faktoren abhängig.

die wichtigen Milestones

IN 10 MILESTONES ZUR AUGMENTED-REALITY-APP

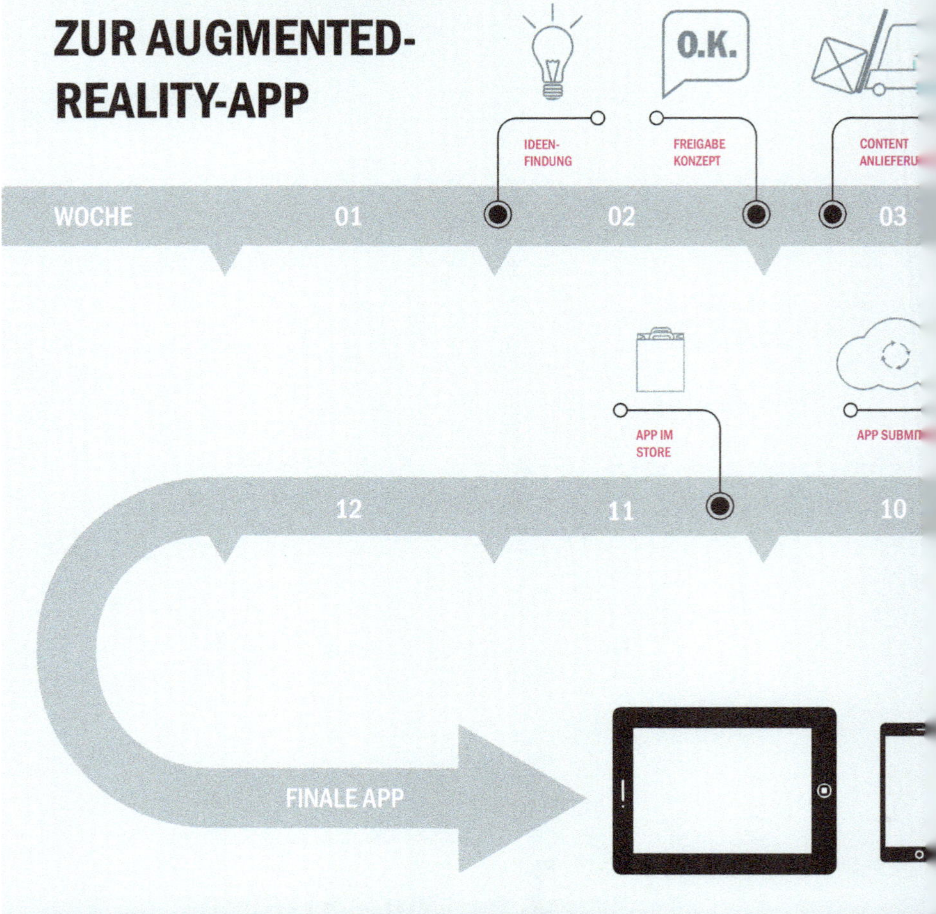

01 // IDEENFINDUNG

Briefing und Ideenfindung,
Interaktives Projekt-Roulette,
Faktoren für App-Kalkulation

02 // FREIGABE KONZEPT

Freigabe Ideenkonzept,
User Story Map,
Projektmanagement

03 // CONTENT ANLIEFERUNG

Content vom Kunden,
AR-Content,
Allgemeiner App-Content

07 // FINALE TESTS

User Tests, Anpassung der Bedienlogik, Optimierung der User Experience

08 // FREIGABE APP

Finale Tests im Unternehmen,
Überprüfung der User Story Map,
Freigabe zum Submit

09 // APP SUBMIT

Upload der App in den Store,
Infotexte eintragen,
Screenshots einbinden

Abb. 52:
Infografik: Die 10 Milestones bis zur Augmented-Reality-App
Quelle: Kreativagentur Thomas, Christoph Bergleiter (2015)

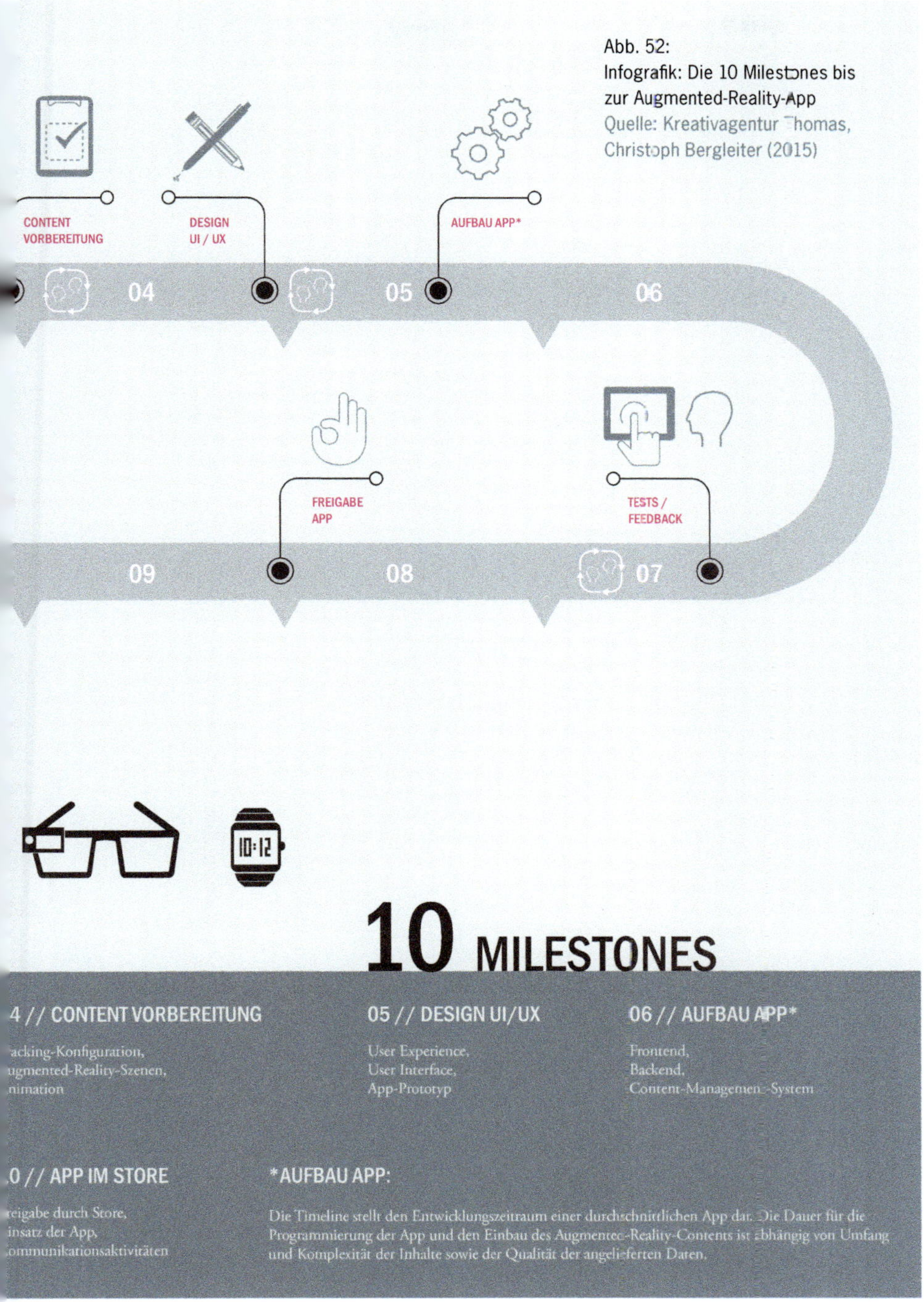

CHECKLISTE

Hinweis zu Faktoren für die App-Entwicklungsdauer

Welche Art der App soll umgesetzt werden?

- ☐ neue App
- ☐ Integration in bestehende App
- ☐ AR-Channel

Welcher Aufwand ist für den Content erforderlich?

- ☐ Content vorhanden
- ☐ kein Content vorhanden
- ☐ Zeitaufwand für die Anlieferung
- ☐ Umfang des Contents (Anzahl 2D- und 3D-Content, Anzahl der Interaktionen)
- ☐ Anpassungen des Contents erforderlich (z. B. Aufbereitung der 3D-Modelle)

Welche Anforderungen gibt es aufgrund der CI-Richtlinien?

- ☐ Screendesign nach CI-Richtlinien
- ☐ CI-Richtlinien für mobile Apps vorhanden?

Welche Freigabeprozesse gibt es beim Kunden?

- ☐ festgelegte Freigabeprozesse
- ☐ vorgegebene Programmieranforderungen
- ☐ Dokumentationsrichtlinien
- ☐ Wird die App vom Unternehmen submitted/deployed?

2. In 10 Milestones zur Augmented-Reality-App

1. Milestone: Konzeptidee und Kalkulation

Wer hat die zündende Idee? In der Praxis ist das meist ein Entwicklungsprozess. Es kann sein, dass sich das Unternehmen bereits mit Augmented Reality befasst hat oder man sogar erste Erfahrungen sammeln konnte. Meistens fehlt den Unternehmen aber der Überblick über die Möglichkeiten von Augmented Reality. Das liegt einfach gesagt daran, dass es ein Medium und eine Technologie zugleich ist. Will man genau wissen, was umsetzbar ist, dann braucht es ein Verständnis für die technischen Komponenten – Software und Mobilgeräte. Während in Unternehmen und Agenturen Ideen entstehen, sind es die Experten für Augmented Reality, die Konzepte in die Realität umsetzen. In vielen Projekten ist es deshalb ein Zusammenspiel aus Unternehmen, AR-Spezialisten und Agentur.

Wir haben jahrelange praktische Erfahrung mit Augmented-Reality-Projekten und wissen deshalb auch, was erforderlich ist, damit AR-Projekte erfolgreich sind. Einer der häufigsten Fehler ist (wie in → Kapitel 5, S. 128 beschrieben) die Gimmick-Umsetzung ohne Konzept und Strategie. Häufig ist dabei zu beobachten, dass keine Spezialisten für Augmented Reality eingebunden wurden.

Wie bei jeder Kommunikationsmaßnahme wird auch bei AR zunächst die Idee besprochen: Was ist das Ziel, welches sind die Zielgruppen und wie wird die Anwendung in den bestehenden Medienmix eingebunden? Das Budget stellt natürlich ebenfalls einen wesentlichen Faktor dar, kommt aber meist etwas später ins Spiel – wenn die Kosten für die einzelnen Bausteine kalkuliert sind.

PRAXISIMPULS

Im ersten Schritt brauchen Unternehmen ein Gefühl für AR. Das gelingt am besten mit einem Briefing mit interaktivem Projekt-Roulette. Die Teilnehmer können die volle Bandbreite an AR-Apps ausprobieren und bekommen dadurch eine genaue Vorstellung über die Möglichkeiten, den Umgang mit AR und die Grenzen bzw. Hürden. Dabei entwickeln sich bereits während der Probierphase erste konkrete Ansätze, wie Elemente im eigenen Unternehmen genutzt werden können. Je mehr Apps erkundet werden, desto konkreter sind die Unternehmen in der Lage, die eigene Idee konzeptionell umzusetzen.

Anschließend werden die einzelnen Ideen mit ersten Scribbles für Elemente, User Experience und User Interface visualisiert. Dabei sind zwei Themen zu beachten: Budget und Evaluation. Bereits zu Beginn muss besprochen werden, was in der App gemessen werden soll. Denn gerade ein neues Medium wie AR muss sich mit konventionellen Instrumenten vergleichen lassen. Die Instrumente dazu beschreiben wir in → Kapitel 5 auf S. 140 ff.

Kalkulation

Die Kalkulation einer AR-Anwendung hat viele Facetten. Werfen wir einen Blick auf die wesentlichen Punkte, die die Kosten maßgeblich beeinflussen:

CHECKLISTE

Hinweise zu Faktoren für die Kalkulation von AR-Apps

Welche Plattformen sollen verfügbar sein?

- ☐ iOS
- ☐ Android
- ☐ Windows

Welche Form der App wird gewünscht?

- ☐ eigene AR-App
- ☐ Einbindung in bestehende App
- ☐ AR-Channel

Welcher Content wird eingebunden?

- ☐ Text, Audio, Bild und Bewegtbild
- ☐ Grafiken und Animationen
- ☐ interaktive 3D-Modelle
- ☐ Anbindung an andere Systeme und Social Platforms

Wer liefert bzw. erstellt den Content?

- ☐ Unternehmen
- ☐ AR-Unternehmen

Plattform

Je mehr Plattformen, je mehr Content – desto aufwändiger wird die Erstellung der App. Während beispielsweise bei iOS die Anzahl der Geräte und Displaygrößen überschaubar ist, so gibt es bei Android eine große Anzahl an Devices. Auch hier gilt: Je mehr Geräte bedient werden sollen, desto höher sind auch die Entwicklungskosten. Zwar bieten Plattformen wie *Unity* die Möglichkeit, auf verschiedene Plattformen auszuspielen, dennoch müssen aufgrund der Unterschiede der Geräte zahlreiche Anpassungen durchgeführt werden. Denn nichts ist schlimmer, als wenn die App später nicht funktioniert oder Inhalte nicht korrekt darstellt werden.

Entwicklungskosten

Oft ist in Unternehmen schon Content vorhanden (z.B. auch aus der Produktion), der angepasst werden kann. Wird für die AR-App speziell Content aufbereitet, so sollte darauf geachtet werden, dass er sich auch anderweitig nutzen lässt. Ein Unternehmensfilm wird schließlich auch nur einmal produziert und kommt auf verschiedenen Plattformen zum Einsatz. Vielfach ist es auch erforderlich, dass die Agentur oder die AR-Spezialisten selbst den Content erstellen, weil dort das Know-how für geeignete Inhalte vorhanden ist (insbesondere bei 3D-Modellen ist das häufig der Fall).

Dies alles sind entscheidende Faktoren für die Kalkulation. Eine konkrete Planung kann nur im konkreten Fall gemacht werden. Wir wollen aber zumindest ein Gefühl für die Kosten vermitteln. Eine Erweiterung eines Printmediums für einen AR-Channel, z. B. mit Video und Infoeinblendungen, kann bereits ab rund 1.000 Euro umgesetzt werden. Für die eigene App mit 3D-Content und Interaktionen muss je nach Plattform mit einem Aufwand ab 10.000 Euro kalkuliert werden. Individuelle Apps mit Content-Management-System und Screendesign nach CI-Richtlinien liegen dann schnell bei 30.000 bis 50.000 Euro. Vergleicht man dies beispielsweise mit der Produktion eines Imagevideos oder der Programmierung einer regulären Mobile-App, dann sind die Kosten nicht höher als klassische Medien.

PRAXISIMPULS

Am Ende des ersten Milestones stehen jetzt also ein Konzept mit den Zielen des Unternehmens, den möglichen Inhalten der AR-App sowie eine Budgetkalkulation: die komplette User Story Map.

2. Milestone: Freigabe und User Story Map

Erteilt das Unternehmen die Freigabe des im ersten Milestone entworfenen Konzepts, dann geht es bereits an die Umsetzung. Die Basis dafür ist die User Story Map mit Zeitplan, Storyboard und Aufgabenverteilung. Die User Story Map – oftmals auch Lastenheft genannt – enthält alle Arbeitsschritte im Projektmanagement.

Projektmanagement

CHECKLISTE

Inhalt der User Story Map

- ☐ Projektbeschreibung
- ☐ Storyboard
- ☐ Content
- ☐ Teammitglieder
- ☐ Aufgabenverteilung
- ☐ Zeitplan mit Milestones
- ☐ Ansprechpartner

PRAXISIMPULS

Aus dem anfänglichen Scribble (→ Abb. 53) entsteht dann ein Storyboard, das die einzelnen Bildschirme, Menüs und Einblendungen in einer übersichtlichen Struktur darstellt. So sehen alle Beteiligten, wie die App später aussehen wird.

Damit fällt es dem Unternehmen auch leichter, die benötigten Texte und Inhalte aufzubereiten.

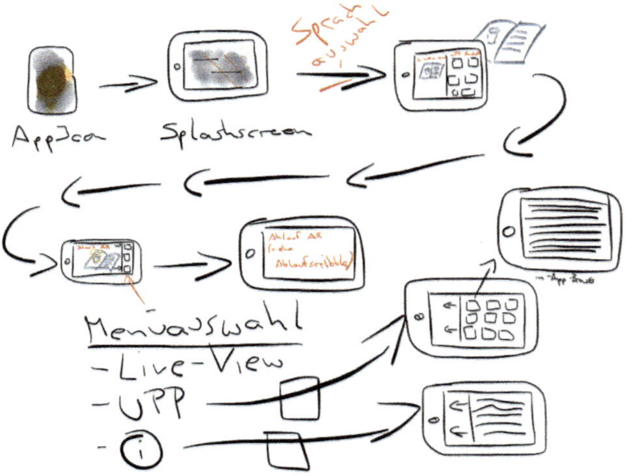

Abb. 53:
Scribble für neues AR-Projekt
Quelle: Stefan Göppel

Aus der User Story Map werden die einzelnen Aufgaben für die Umsetzung abgeleitet. Dabei geht es um die konkreten Arbeitsschritte, die im Folgenden beschrieben werden. Gleichzeitig regelt die User Story Map auch, was von wem zu erledigen ist, damit der Zeitplan für die App eingehalten werden kann.

Passend zu den Anforderungen des Projekts wird ein Team zusammengestellt, das aus Projektmanager, einem oder mehreren Softwareentwicklern und im besten Fall einem UI/UX-Spezialisten besteht. Unterstützung erhält das Team dann beispielsweise von den Kollegen aus der Unternehmenskommunikation und dem Marketing. Unser Job ist es, einen Blick auf die Texte zu werfen und solche zu erstellen. Wir sorgen dafür, dass die Informationen in der App verständlich sind und die App sich gut bedienen lässt. Dazu gehört eben die gesamte User Experience, die wir aus Marketing- und Kommunikationssicht beurteilen. Als Autoren haben wir Erfahrung in der Kommunikations- und in der AR-Welt und wissen genau, worauf es dabei ankommt.

Während des zweiten Milestones muss auch bereits über einen möglichen Namen der App nachgedacht werden. Wichtig ist dabei, dass der Wunschname in den App-Stores (Apple Store und Google Play) in allen Ländern geprüft wird, um nicht kurz vor Veröffentlichung eine böse Überraschung zu erleben. Im Entwicklerbereich für Apple (iTunes Connect) und Google (Google Play Developer Console) lässt sich das mit einem entsprechenden Zugang schnell prüfen.

App-Stores
Google Play
iTunes Connect
Google Play Developer Console

3. Milestone: Content-Lieferung

Im nächsten Milestone dreht sich alles um den Content: von den AR-Inhalten in der App selbst bis zu Informationstexten und rechtlichen Hinweisen.

PRAXISIMPULS

Damit die Augmented-Reality-Szenen vorbereitet werden können, muss der Content vorhanden sein. Häufig müssen 3D-Daten aufgrund ihrer Größe angepasst oder ganze Szenen geschaffen werden. Damit der Zeitplan eingehalten wird, ist darauf zu achten, dass die Inhalte rechtzeitig kommen.

Zusätzlich zu den eigentlichen Inhalten gibt es weitere Informationen/Hinweise, die meist vom Unternehmen selbst kommen. Nachfolgend sind die wichtigsten Informationen genannt, die in Textform in die App müssen. Werden innerhalb der App verschiedene Sprachen angeboten, dann müssen auch die Informationen und Hinweise entsprechend vorhanden sein.

CHECKLISTE

Wichtige Informationen in der App

- ☐ Information über die App (freiwillig)
- ☐ Bedienungshinweise (freiwillig)
- ☐ Impressum und Disclaimer (erforderlich)
- ☐ Allgemeine Geschäftsbedingungen (erforderlich)
- ☐ Hinweis auf Auswertung mit Google Analytics mit Opt-out für Mobilgeräte und -browser (erforderlich)

Welche Informationen benötigt werden, wissen die AR-Produzenten. Die rechtlichen Texte müssen aber natürlich vom Unternehmen selbst kommen und sind dort meist auch schon vorhanden. Die Inhalte sind vergleichbar mit den Hinweisen auf Websites. Lediglich die Auswertung mit Analytics bedarf eines genaueren Blicks, weil dort zusätzlich eine mobile Variante des Opt-outs vorhanden sein muss. Die Einzelheiten dazu erklären wir in → Kapitel 5 auf S. 144.

4. Milestone: Content-Aufbau

Der Aufbau des Contents kann erfolgen, sobald die wichtigen Elemente bei den Entwicklern sind. In der Praxis laufen die Milestones 3 und 4 parallel. Dies hat den Vorteil, dass die Entwicklungsseite Feedback geben kann, falls z. B. die Qualität des angelieferten Contents nicht ausreicht. In dieser Phase können auch teilweise schon die Milestones 5 und 6 angegangen werden. Je nach Entwicklungsmethode laufen nun die nächsten Schritte ab. Wichtig dabei: die Einplanung von frühen Testschleifen mit dem Kunden.

PRAXISIMPULS

Software Development Kit (SDK)

Die Entwicklung beginnt damit, wichtige Konfigurationen für das Tracking vorzunehmen. Grundlage dafür ist die Entscheidung für das zu den Anforderungen passende Software Development Kit (SDK) eines der am Markt verfügbaren Anbieter. Ein erster Prototyp dient den frühen User-Tests.

Game Engine

Die einzelnen Inhalte (digitale Informationen und reale Gegenstände) werden nun mit einer Software „in Szene" gesetzt. Dies geschieht beispielsweise mit *Unity*, einer bekannten Game Engine, die verschiedene Plattformen (iOS, Android, Windows) bedienen kann.

Nun werden Technologie und Content miteinander „verheiratet". Die Entwickler achten darauf, dass der Algorithmus für die AR-Anwendung die verwendeten Marker, Bilder oder Gegenstände schnell erkennt und die Einblendungen stabil erscheinen. Dies ist eine der Vorrausetzungen, dass die App später auch genutzt wird und keine Frustration auslöst. Darauf liegt das besondere Augenmerk der Programmierer.

5. Milestone: UI/UX-Design

Neben einer zuverlässig funktionierenden Software sind es vor allem die Bedienlogik und das Look-and-feel, die eine App ausmachen. Steht in der Industrie die reine Bedienung und der Informationsnutzen stärker im Vordergrund, so muss eine App für Marketing, PR und Vertrieb auch ein ansprechendes Screendesign haben.

Wie wir bereits in → Kapitel 5 auf S. 130 beschrieben haben, spielt es eine große Rolle, wie sich die App bedienen lässt. Dabei muss man darauf achten, für welche Zielgruppe die App gedacht ist. Häufig werden wir gefragt, ob nur jüngere Menschen oder auch die älteren Generationen AR-Apps verwenden. Der Unterschied bei der Nutzung liegt aber nicht im Alter.

Jüngere Menschen – vor allem männliche – sind eher bereit, eine App zu erkunden, zu entdecken. Dafür setzen sie sich länger mit der App auseinander. Aus unserer Erfahrung geht es bei älteren Menschen stärker darum, die App zu benutzen. Sie sind fokussierter in der Anwendung und vermutlich ist der Spieltrieb nicht mehr so stark ausgeprägt wie bei jüngeren Generationen.

PRAXISIMPULS

Bei der Bedienung einer mobilen App nutzt man einerseits Bedienungsgesten, die den Anwendern aus anderen Apps bzw. dem jeweiligen Ökosystem (iOS, Android, Windows) vertraut sind, oder man orientiert sich andererseits an natürlichen Gesten, die aus dem Alltag bekannt sind. Insbesondere bei der Gestensteuerung von Terminal-Systemen (am POS oder auf Messen) ist dies wichtig.

Wird die App für iOS erstellt, dann stehen quasi Standardgesten zur Auswahl. Typische Fingerbewegungen zum Vergrößern, Drehen oder auch Multi-Touch-Gesten sind im Apple-Ökosystem bekannt. Bei Android und Windows ist dies nicht im selben Maße vorhanden, auch wenn sich die Gesten aus iOS ableiten und nutzen lassen.

Anhand einer Beispielanwendung zeigen wir, wie die Screens bzw. das Screendesign einer AR-App gestaltet werden kann. Je nach Branche und Zielgruppe sind unterschiedliche Anforderungen zu berücksichtigen. In diesem Fall geht es um ein Immobilienunternehmen, die Zielgruppe sind Makler und Käufer von hochwertigen Gewerbeimmobilien.

Abb. 54:
Splash-Screen mit Auswahl für AR- oder 3D-Modus
Quelle: RE'FLEKT

Nach dem Start der App erscheint der Splash-Screen – quasi der Startbildschirm. Für Printumsetzungen empfiehlt es sich, an dieser Stelle die Auswahl zwischen dem eigentlichen AR-Modus und einer 3D-Ansicht – auch Virtual-Reality-Ansicht genannt – anzubieten. So kann der Anwender die App auch nutzen, wenn er das benötigte Printmedium nicht zur Verfügung hat.

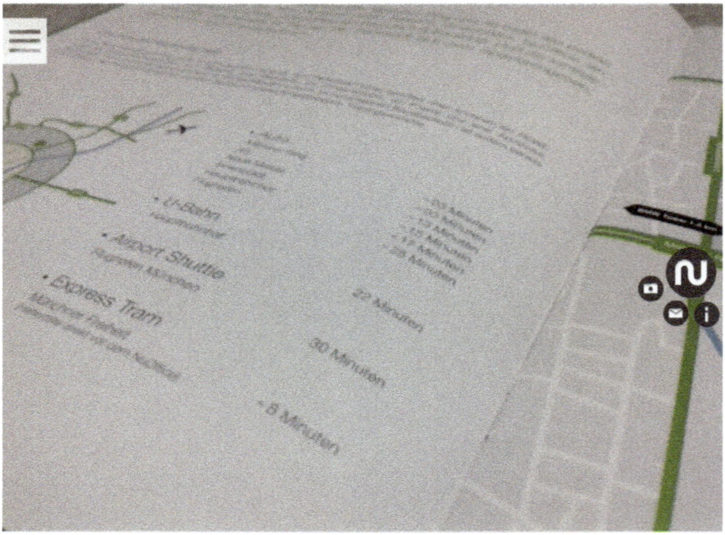

Abb. 55:
AR-Modus mit Kamerafunktion
Quelle: RE'FLEKT

Wählt der Anwender nun den AR-Modus, so startet die Kamera und die Elemente des User Interfaces werden sichtbar. Links oben (→ Abb. 55) befindet sich ein Menübutton, der bei Bedarf aufgeklappt werden kann, um beispielsweise die Sprache zu wechseln. Auf der rechten Seite des Displays sind die Bedienelemente untergebracht, die sich rund um das Logo des Unternehmens reihen. Dort lassen sich verschiedene Interaktionen steuern, Informationen zur Bedienung aufrufen und es besteht die Möglichkeit, direkt mit dem Unternehmen in Kontakt zu treten.

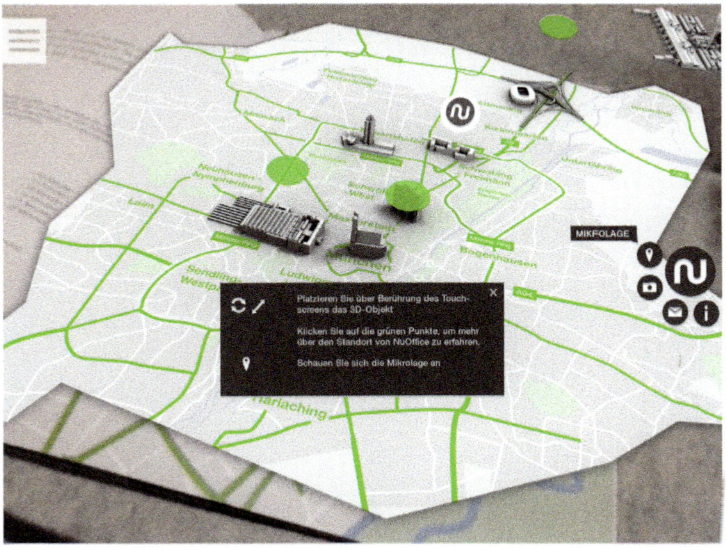

Abb. 56:
AR in Aktion:
Interaktive Karte
Quelle: RE'FLEKT

Hält der Anwender sein Smartphone oder Tablet auf die abgedruckte Karte in der Printbroschüre, dann startet die entsprechende AR-Szene. Zusätzlich zu den Elementen des User Interfaces erscheint ein Hinweis zur Bedienung dieser Szene. Diese ausführlichen Hinweise haben wir bereits angesprochen. Gerade bei AR ist die unterstützende Erklärung der Bedienung wichtig, um dem Anwender ein starkes Erlebnis zu ermöglichen.

Nachdem der Content mit UX/UI ausgestattet wird, kann auch der Prototyp mit weiteren Feedbacks von Unternehmensseite verfeinert werden. Schritt für Schritt fließen die Anpassungen während der Entwicklung in die App ein.

6. Milestone: Entwicklung der App

Das Projektteam bastelt bereits an mehreren Bestandteilen des App-Prototypen: In Milestone 4 arbeiten die Entwickler an Tracking und Content; die UI/UX-Spezialisten und die Kommunikationsprofis entwerfen im 5. Milestone Screendesign und Bedienlogik und in Milestone 6 entsteht der Rahmen für die App.

Nun wird es spannend, denn jetzt wird die Augmented-Reality-Anwendung aus den Mosaiksteinen zusammengesetzt. Aus dem Prototypen wird mit dem gesammelten Feedback eine echte App.

Ganz einfach gesagt, besteht eine App aus Frontend und Backend. Das Backend dient den Programmierern dazu, die App aufzubauen. Hier werden die Funktionen, das Design und der Content festgelegt und eingebaut. Alles, was sich in der App im Hintergrund abspielt, passiert im Backend. Selbst wenn Daten nicht in der App gelagert sind, sondern auf einem externen Server oder in der Cloud, wird dies im Backend definiert.

CHECKLISTE

Bausteine einer Mobile-AR-App

- ☐ Frontend (sichtbar für den Anwender)
- ☐ inkl. Screendesign und Bedienlogik (UI/UX)
- ☐ Backend (für die Entwickler)
- ☐ Content-Management-System (für das Unternehmen)

Das Frontend ist das, was der Anwender sieht: die Menüs und den Content mit all seinen Funktionen. Sämtliche Texte, Bilder und Animationen, die auf dem Display angezeigt werden, sind im Frontend definiert. Neben dem AR-Content können Unternehmen weiteren Content einbinden: Kataloge, Produktflyer, Imagevideos etc. Diese lassen sich mit einem Content-Management-System einpflegen und aktualisieren – genauso wie mit Wordpress oder Joomla für Websites oder Blogs.

Jetzt dauert es nicht mehr lange und ein erster Blick auf die neue App ist möglich. Das ist für das gesamte Team und vor allem für das Unternehmen ein emotionaler Moment – trotz zahlreicher Tests mit dem Prototypen. Während die Entwickler sich dafür interessieren, ob sich irgendwelche Bugs – Fehler in der Programmierung – eingeschlichen haben, wollen die Projektverantwortlichen ihr „Baby“ endlich in der finalen Version sehen.

7. Milestone: Finale User-Tests

Es ist soweit: Aus dem Test-Prototypen ist eine App entstanden. Ein erster Klick auf das Icon der eigenen App erhöht die Spannung. Wie ist der erste Eindruck? Sieht alles so aus, wie man es sich im Kopfkino vorgestellt hat?

Die aktualisierte Version wurde vom Projektteam bereits in weiteren Schleifen auf Funktionalität und Logik getestet. Die Erfahrung aus vielen AR-Projekten hilft dabei, das typische und immer wiederkehrende Anwenderverhalten zu antizipieren. Beispielweise kommt es bei AR-Apps häufig vor, dass die Anwender ihr Smartphone oder Tablet sehr nah an Bild oder Gegenstand halten – quasi so, als würden sie einen Code scannen. Die Kamera benötigt für die Initialisierung allerdings einen gewissen Abstand (ca. 20 cm).

Bei Cubes wiederum – virtuellen 360-Grad-Rundgängen – versuchen Anwender, die Szene mit den Fingern zu steuern, statt sich selbst zu bewegen. Für diese Situationen sind erklärende Einblendungen auf dem Display notwendig, damit der Anwender nicht frustriert wird.

PRAXISIMPULS

Trotz aller Erfahrung sind die finalen Testschleifen ein nicht zu unterschätzender Grundstein für eine gelungene Anwendung. Das Projektteam rund um die AR-Entwickler hat ein Gefühl dafür, wie die Kamera beispielsweise auf eine Printbroschüre zu halten ist. Umso wichtiger sind die Erkenntnisse aus den Testschleifen mit Anwendern aus unterschiedlichen Bereichen und unterschiedlichen Altersgruppen.

Die Testschleifen bringen immer Änderungen mit sich. Sei es zur Bedienung, zur Anpassung der Erklärschritte oder ganz einfach, weil sich aus den Anwendertests neue Anforderungen ergeben. Wurden in den vorigen Testschleifen vor allem der Content, die Funktionen sowie UI/UX getestet, so geht es nun vor allem um die Verständlichkeit der Erklärungen – einerseits in der App selbst, andererseits in den begleitenden Kommunikationsmaßnahen, z.B. in Printmedien. Auch die Testgruppen werden nun erweitert. Über das Projektteam hinaus gilt es, weitere Entscheidungsträger und Verantwortliche im Unternehmen einzubinden, bevor die App in den Submit geht.

CHECKLISTE

Hinweise für Anwendertests

- ☐ Testpersonen aus verschiedenen Altersgruppen und mit unterschiedlichen Kenntnissen über Apps nutzen
- ☐ Finden die Tester die App in den Stores?
- ☐ Sind die Erklärungen ausreichend?
- ☐ Lässt sich die App intuitiv bedienen?
- ☐ Finden die Testpersonen alle Funktionen?
- ☐ Funktioniert das Tracking für AR?
- ☐ Funktionieren alle Features in der App?

8. Milestone: Freigabe der App

Sobald alle Punkte abgearbeitet sind, erhält das Unternehmen die finale Version zur Freigabe. In diesem Milestone wird die App entweder vom Projektverantwortlichen und seinem Team freigegeben oder sie durchläuft mehrere Instanzen, wie dies bei anderen Projekten ebenfalls üblich ist. In größeren Unternehmen gibt es Spezialisten, die Apps gemäß interner Richtlinien prüfen und freigeben.

PRAXISIMPULS

Vielfach sind mehrere, unterschiedliche Stellen im Unternehmen eingebunden, um die Fragen zu beantworten. Zwar lassen sich auch nach dem Submit Änderungen per Update vornehmen, dies sollte im Hinblick auf die Bewertung der App jedoch verhindert werden.

CHECKLISTE

Hinweise für die Freigabe der App

- ☐ Entspricht der Content dem besprochenen Umfang?
- ☐ Wurde das Storyboard gemäß User Story Map umgesetzt?
- ☐ Funktionieren alle Bestandteile der App?
- ☐ Sind alle rechtlichen Informationen enthalten?
- ☐ Wurden die Texte in der App redigiert?
- ☐ Entscheidung für den finalen Namen der App
- ☐ Wurde die App gemäß der CI-Richtlinien umgesetzt?
- ☐ Liegen Erklärungen für die Bedienung der App vor?

9. Milestone: App-Submit

Submit

Apple Store

Google Play Store

Windows Store

Nachdem die App vom Unternehmen freigegeben wurde und alle Informationen vorliegen, kann die App in den Submit gehen: Sie wird zur Veröffentlichung in die jeweiligen Stores eingetragen. Für die iOS-Apps ist dies der Apple Store, für Android der Play Store von Google und für die Windows-Fraktion der Windows Store. Weil es bei Windows verschiedenen Systeme gibt (Windows Phone, Windows PC), weisen wir an dieser Stelle darauf hin, dass für AR-Anwendungen zwar per Unity die Entwicklung vorgenommen werden kann, die Anbieter der Tracking-Technologie bisher allerdings nur auf Windows PC in ihren SDKs setzen. Damit laufen die Anwendungen ausschließlich auf den Surface Pro-Tablets. Handelt es sich um eine interne App, die nicht in einem der App Stores veröffentlicht wird, dann entfällt der Submit.

Um eine App zu veröffentlichen, bedarf es eines Accounts für die Portale des jeweiligen Stores. Wird die App vom Unternehmen selbst in einen der Stores gebracht, dann bereitet das Projektteam den Submit mit allen benötigten Informationen vor. Die → Abb. 57 und → Abb. 58 zeigen beispielhaft eine Ansicht für die iOS- und die Android-Plattform: Apples iTunes Connect und die Google Play Developer Console. Hier werden alle Informationen rund um die App eingetragen. Dazu zählen die Beschreibung und Hinweise darüber, auf welchen Devices die Anwendung läuft bzw. mit welchen Versionen der Betriebssysteme sie kompatibel ist. Damit sich die Anwender ein Bild machen können, werden auch Screenshots der App eingestellt.

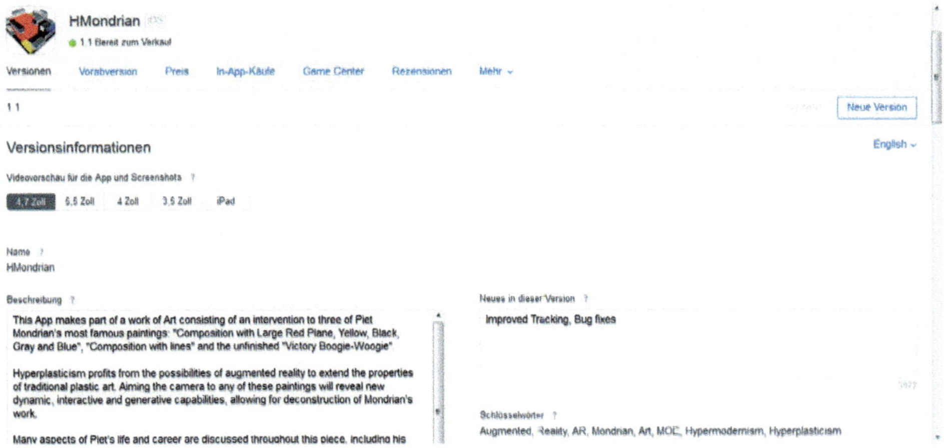

Abb. 57: Screenshot iTunes Connect
Quelle: Diego Montoya

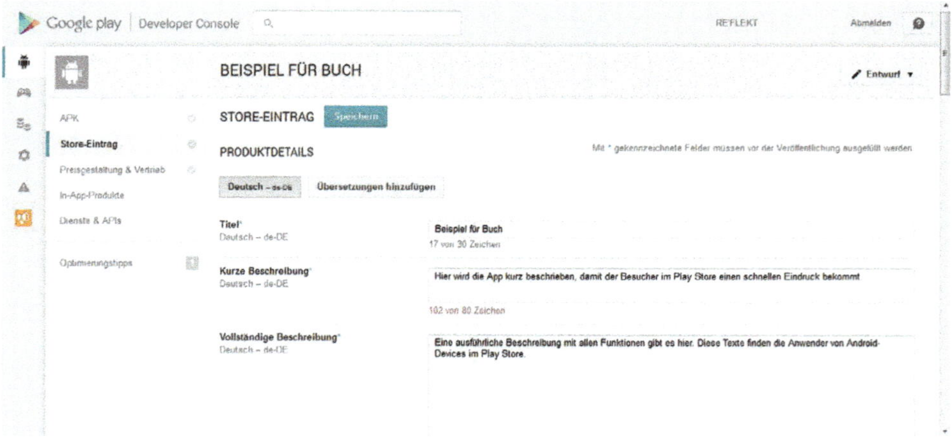

Abb. 58: Screenshot Google Play Developer Console
Quelle: Eigene Abbildung

Was die Prüfung der App angeht, so unterscheiden sich iOS und Android. Während bei Google bislang scheinbar eher stichprobenartige Tests vorgenommen werden, prüft Apple sehr genau. Die Prüfung umfasst neben dem Content selbst, ob alles einwandfrei funktioniert und keine Abstürze zu erwarten sind. Die vollständige Liste ist in den *App Store Review Guidelines* ersichtlich.[1] Dazu kommen Änderungen aufgrund von Updates, wie z.B. auf iOS 8. Für 2015 ergeben sich dadurch neue Voraussetzungen für die Entwickler, was neue und auch Updates für bestehenden Apps betrifft.[2]

Einer der größten Stolpersteine besteht darin, eine reine AR-App ohne weiteren Content einzureichen: Dies wiederspricht den Regeln für Apps im Apple Store. Neben der AR-Funktionalität müssen weitere Inhalte für den Anwender eingepflegt sein. Dies können beispielweise Kataloge bzw. Produktbeschreibungen oder auch andere App-Inhalte wie Konfiguratoren oder die Anbindung an ein Shopsystem sein.

Wer eine AR-App entwickelt, der braucht die im Buch bereits beschriebenen Tracking-Pattern für die Erkennung der Inhalte. Diese sind entweder als Bild in einem gedruckten Medium oder anderweitig verfügbar (Marker, reales Objekt). Dieses Pattern, oder besser noch das komplette Printmedium, muss entweder innerhalb der App verfügbar oder per Button anzufordern sein. Für Apple ist dies eine weitere Voraussetzung: Eine AR-App muss alle wesentlichen Bestandteile enthalten bzw. zur Verfügung stellen. Ein Pattern kann auch auf Anforderung mit einem Klick per E-Mail zugesendet werden.

PRAXISIMPULS

Wer die genannten Dinge nicht weiß, der erhält von Apple die Info „App rejected". Damit geht es dann von vorne los. Hier kann es zu langen Verzögerungen und großem Frust beim Auftraggeber kommen. Denn bereits der reguläre Submit-Prozess dauert rund eine Woche bis zehn Tage.

Müssen Anpassungen vorgenommen werden und die App kommt erneut in den Submit, dann geht wertvolle Zeit verloren. Wie gesagt: Bislang ist Google entsprechend den Prinzipien von Android offener als Apple. Es ist aber nur eine Frage der Zeit, bis auch Google strenger und regelmäßiger prüfen wird.[3] Im Herbst 2014 entfernte Google Medienberichten[4] zufolge mehr als 10.000 Apps des Anbieters Tobit aus dem Play Store, weil dieser Apps für seine Kunden veröffentlicht hatte. Google begründete dies damit, dass jeder einen eigenen Entwickler-Account für seine App benötigt. Diese Entwicklung muss beobachtet werden. Getroffen hat dies auch Apps bekannter Namen, wie beispielsweise die Anwendung des Fußballvereins Schalke 04.

CHECKLISTE

Hinweise für den App-Submit

- ☐ Name der App (in allen verfügbaren Sprachen prüfen!)
- ☐ Texte für Kurzbeschreibung und ausführliche Info
- ☐ mindestens drei aussagekräftige Screenshots
- ☐ Hinweise zu Kompatibilität (OS, Devices) bzw. Angabe zur Empfehlung von Mindestanforderungen (z. B. lauffähig ab iPad Air)
- ☐ Kontaktinformationen

Zusätzliche Hinweise für Apple App Store

- ☐ zusätzlicher Content als Ergänzung zu AR-Funktionen
- ☐ AR-Pattern muss in der App abrufbar sein
- ☐ Größe der App (> 100 MB bedeutet Download nur mit WIFI)

10. Milestone: App im Store

Herzlichen Glückwunsch! Hat Ihre App die Hürden der Stores überwunden, dann sind Sie jetzt glücklicher Besitzer einer Augmented-Reality-App.

Sobald die Tests beendet sind, erhalten Sie eine Mitteilung und finden die Anwendung in den App Stores. Jetzt kann es losgehen.

LESETIPPS

- App Store Review Guidelines: Apple Inc. (2015): *App Store Review Guidelines*. https://developer.apple.com/app-store/review/guidelines/
- *Google Play-Programmrichtlinien für Entwickler:* https://play.google.com/about/developer-content-policy.html

Anmerkungen

1 Apple Inc. (2015): *App Store Review Guidelines*. Abgerufen am 11.01.2015 von https://developer.apple.com/app-store/review/guidelines/.

2 Apple Inc. (2015): *64-bit and iOS 8 Requirements for App Updates*. Abgerufen am 13.01.2015 von https://developer.apple.com/news/?id=12172014b.

3 Google Inc. (2015): *Google Play-Programmrichtlinien für Entwickler*. Abgerufen am 11.01.2015 von https://play.google.com/about/developer-content-policy.html.

4 Knobloch, Carsten (2014): *Google entfernt über 10.000 Apps aus dem Play Store, darunter die des 1. FC Köln und von Schalke 04*, Caschys Blog. Abgerufen am 10.5.2015 von http://stadt-bremerhaven.de/google-apps-play-store/.

Kapitel 7 Ausblick

Während wir dieses Buch schrieben, nahm die Entwicklung im Bereich digitaler Technologien rasant zu. Mehr und mehr neue Geräte – insbesondere Smartglasses – erreichen die Märkte. So wie Apple 2007 den Smartphone-Markt veränderte, so hat Google mit der Google Glass den Weg für Datenbrillen geebnet – obwohl selbst diese, welche anfangs noch völlig verblüfft hat, nach einigen Monaten bereits wie ein alter Hut wirkt.

Augmented Reality integriert sich schon heute immer stärker in unseren Alltag. Die Vernetzung sämtlicher Geräte und Gegenstände unseres persönlichen und beruflichen Lebens eröffnet uns eine neue Dimension der Kommunikation und Informationsbeschaffung. Ob wir dies in Zukunft noch Augmented Reality nennen werden und ob sie einfach zu unserem Alltag gehören wird – wie heute das Internet – werden wir sehen. Eines ist jedoch bereits klar: Künftig werden Daten stets verfügbar sein – und zwar immer genau dort, wo wir sie brauchen. Im Internet of Things kommunizieren die Devices untereinander, um uns den Alltag zu erleichtern.

Im Smart Home fungiert AR als virtueller Modeberater, wir steigen mit visueller Unterstützung zum Chefkoch auf und können in Sekundenschnelle jede bohrende Frage unserer Kinder beantworten. In der Smart Factory erhalten wir Wissen mit Augmented Reality vermittelt. Unsere Produkte entwickeln wir mit digitalem Prototyping. Unser Arbeitsalltag wird von digitalen Begleitern organisiert – quasi von Augmented Assistants.

Möglich wird dies durch die immer leistungsfähiger werdenden Devices. Ob Smartphone, Tablet oder Glasses: Intelligente Sensoren, leistungsfähige Kameras und Power-Prozessoren ermöglichen die exakte Erkennung unserer realen Umwelt und verknüpfen die Realität selbst mit aufwändigen 3D-Modellen ohne Verzögerung. Wir können so nicht nur Gebäude, Autos und Bilder erkennen, sondern scannen per AR unsere Kollegen, Freunde und Familie. Vorlieben, Kenntnisse, Hobbys: Alles ist sofort ablesbar. Wer davon einen Eindruck bekommen möchte, dem sei der kurze Film *Sight* empfohlen. Der Film zeigt eine Zukunft, die nicht weit entfernt ist. Gleichzeitig wollen die Produzenten für die Herausforderungen im Umgang mit Daten sensibilisieren.

Abb. 59:
Sight – ein futuristischer Kurzfilm
Quelle: Eran May-Raz, Daniél Lazo

Neben der genannten Entwicklung der Hardware werden User Interfaces mitentscheidend sein für den Erfolg von Augmented Reality. Je stärker sich der digitale Content und die Bedienung der Geräte an den Bedürfnissen der Nutzer orientieren, desto stärker werden wir AR einsetzen. Social Media, Messaging, Content Sharing – mit den passenden AR-Plattformen eröffnen sich Marketing- und Kommunikationsprofis völlig neue Spielfelder, um mit ihren Zielgruppen zu interagieren.

Marketing und Technologie fangen gerade an, stärker zusammenzuwachsen. Der zukünftige Chief Marketing Officer wird Technologien wie Augmented und Virtual Reality ebenso selbstverständlich beherrschen wie Coding. Es wird dann nicht mehr darüber diskutiert, ob wir AR einsetzen – sondern wie. Die Technologie-Skills braucht der neue Digitalchef im Unternehmen: der Chief Marketing Technologist. Es erwarten uns also spannende Möglichkeiten in den kommenden Jahren.

In der jetzigen Auflage dieses Buches ist die überwiegende Zahl der herangezogenen Use Cases für Smartphones und Tablets gemacht. Daran orientieren sich auch die Anwendungen und die aus Marketingsicht gesetzten Ziele.

Während wir das Buch geschrieben haben, kamen immer mehr Brillen für den AR- und VR-Bereich auf den Markt. Werden künftig Brillen stärker in den Fokus von Augmented Reality rücken, werden sich auch Art und Nutzen von Anwendungen verändern. Für die kontextbezogene Kommunikation könnte dies eine wichtige Entwicklung sein, weil relevante Informationen besser sichtbar sind. Für die nächsten fünf Jahre sehen wir aber Smartphones und Tablets weiterhin als Standard-Devices für AR.

Wir beobachten jedoch aktuell, wohin die Reise gehen wird und wie die Nutzer auf unterschiedliche Geräte reagieren. Aus unserer Erfahrung aus Praxistests können wir sagen, dass die Menschen die neuen Brillen als sehr faszinierend erachten, aber schnell realisieren, dass sie für den täglichen Einsatz noch nicht wirklich geeignet sind. Bis uns der Umgang damit ebenso vertraut ist, wie der mit Smartphone und Tablet, braucht es noch Zeit.

Wir sind selber gespannt, wie sich die Entwicklung der Hardware auf die nächste Auflage dieses Buches auswirken wird. Erobern gänzlich neue Devices den Markt? Erleben wir eine noch stärker vernetzte AR-Welt – einerseits was die unterschiedlichen Devices angeht (Tablet, Smartwatch, Beacons etc.), andererseits aber auch, was das Medium AR betrifft? Wird es für Marketing, PR und Medien „normal", in Kampagnen und Konzepten Augmented Reality einzusetzen? Führt die zunehmende Vernetzung automatisch zu mehr Akzeptanz? Welche Rolle wird Augmented Reality in der Zukunft von Social Media spielen? Die Antworten zu solchen Fragen werden sich in den nächsten Jahren ergeben.

Über Anregungen und Fragen vonseiten unserer Leser freuen wir uns aber bereits jetzt. Denn davon lebt das Buch. Je mehr wir über

Ihre Interessen erfahren, desto zielgerichteter können wir das Buch weiterentwickeln. Und das ist unser erklärtes Ziel. Während Sie noch lesen, sind wir bereits wieder am Testen und Recherchieren. Denn der Technologiebereich verharrt nie im Status quo – wir bleiben also für Sie am Ball.

Kapitel 8
Service

1. Checklisten

CHECKLISTE

Hinweis zu Faktoren für die App-Entwicklungsdauer

Welche Art der App soll umgesetzt werden?

- ☐ neue App
- ☐ Integration in bestehende App
- ☐ AR-Channel

Welcher Aufwand ist für den Content erforderlich?

- ☐ Content vorhanden
- ☐ kein Content vorhanden
- ☐ Zeitaufwand für die Anlieferung
- ☐ Umfang des Contents (Anzahl 2D- und 3D-Content, Anzahl der Interaktionen)
- ☐ Anpassungen des Contents erforderlich (z. B. Aufbereitung der 3D-Modelle)

Welche Anforderungen gibt es aufgrund der CI-Richtlinien?

- ☐ Screendesign nach CI-Richtlinien
- ☐ CI-Richtlinien für mobile Apps vorhanden?

Welche Freigabeprozesse gibt es beim Kunden?

- ☐ festgelegte Freigabeprozesse
- ☐ vorgegebene Programmieranforderungen
- ☐ Dokumentationsrichtlinien
- ☐ Wird die App vom Unternehmen submitted/deployed?

CHECKLISTE

Hinweise zu Faktoren für die Kalkulation von AR-Apps

Welche Plattformen sollen verfügbar sein?

- ☐ iOS
- ☐ Android
- ☐ Windows

Welche Form der App wird gewünscht?

- ☐ eigene AR-App
- ☐ Einbindung in bestehende App
- ☐ AR-Channel

Welcher Content wird eingebunden?

- ☐ Text, Audio, Bild und Bewegtbild
- ☐ Grafiken und Animationen
- ☐ interaktive 3D-Modelle
- ☐ Anbindung an andere Systeme und Social Platforms

Wer liefert bzw. erstellt den Content?

- ☐ Unternehmen
- ☐ AR-Unternehmen

CHECKLISTE

Inhalt der User Story Map

- ☐ Projektbeschreibung
- ☐ Storyboard
- ☐ Content
- ☐ Teammitglieder
- ☐ Aufgabenverteilung
- ☐ Zeitplan mit Milestones
- ☐ Ansprechpartner

CHECKLISTE

Wichtige Informationen in der App

- ☐ Information über die App (freiwillig)
- ☐ Bedienungshinweise (freiwillig)
- ☐ Impressum und Disclaimer (erforderlich)
- ☐ Allgemeine Geschäftsbedingungen (erforderlich)
- ☐ Hinweis auf Auswertung mit Google Analytics mit Opt-out für Mobilgeräte und -browser (erforderlich)

CHECKLISTE

Bausteine einer Mobile-AR-App

- ☐ Frontend (sichtbar für den Anwender)
- ☐ inkl. Screendesign und Bedienlogik (UI/UX)
- ☐ Backend (für die Entwickler)
- ☐ Content-Management-System (für das Unternehmen)

CHECKLISTE

Hinweise für Anwendertests

- ☐ Testpersonen aus verschiedenen Altersgruppen und mit unterschiedlichen Kenntnissen über Apps nutzen
- ☐ Finden die Tester die App in den Stores?
- ☐ Sind die Erklärungen ausreichend?
- ☐ Lässt sich die App intuitiv bedienen?
- ☐ Finden die Testpersonen alle Funktionen?
- ☐ Funktioniert das Tracking für AR?
- ☐ Funktionieren alle Features in der App?

CHECKLISTE

Hinweise für die Freigabe der App

- ☐ Entspricht der Content dem besprochenen Umfang?
- ☐ Wurde das Storyboard gemäß User Story Map umgesetzt?
- ☐ Funktionieren alle Bestandteile der App?
- ☐ Sind alle rechtlichen Informationen enthalten?
- ☐ Wurden die Texte in der App redigiert?
- ☐ Entscheidung für den finalen Namen der App
- ☐ Wurde die App gemäß der CI-Richtlinien umgesetzt?
- ☐ Liegen Erklärungen für die Bedienung der App vor?

CHECKLISTE

Hinweise für den App-Submit

- ☐ Name der App (in allen verfügbaren Sprachen prüfen!)
- ☐ Texte für Kurzbeschreibung und ausführliche Info
- ☐ mindestens drei aussagekräftige Screenshots
- ☐ Hinweise zu Kompatibilität (OS, Devices) bzw. Angabe zur Empfehlung von Mindestanforderungen (z.B. lauffähig ab iPad Air)
- ☐ Kontaktinformationen

Zusätzliche Hinweise für Apple App Store

- ☐ zusätzlicher Content als Ergänzung zu AR-Funktionen
- ☐ AR-Pattern muss in der App abrufbar sein
- ☐ Größe der App (> 100 MB bedeutet Download nur mit WIFI)

2. Augmented-Reality-Blogs

Die folgenden Blogs berichten über Unternehmen, Veranstaltungen und Apps mit Augmented Reality, Virtual Reality und Wearables.

- **Augmented Reality Trends**
  http://www.augmentedrealitytrends.com/
- **Augmented Reality Dirt**
  http://www.ardirt.com/
- **RoadtoVR**
  http://www.roadtovr.com/
- **RealaReal**
  http://www.realareal.com/
- **Augmented Stories**
  http://augmentedstories.com/
- **AR Marketing**
  http://www.armarketing.org/home/
- **Augmented.org**
  http://www.augmented.org/blog/

3. Blogs der Augmented-Reality-Unternehmen

Hier finden Sie die Blogs der Unternehmen, die sich mit Augmented Reality befassen.

- **Blippar Blog**
  https://blog.blippar.com/en/blog
- **RE'FLEKT Blog**
  http://www.wearear.de/

▸ **Vectorform Blog**
http://blog.vectorform.com/

▸ **AR Media Blog**
http://arblog.inglobetechnologies.com/

4. Blogs zu Produktentwicklung und Lean

In diesen Blogs finden Sie Interessantes zu Lean, Start-ups, Projekt- und Produktentwicklung.

▸ **Google Ventures Library**
https://www.gv.com/library/

▸ **Startup Lessons Learned/Lean Startup**
http://www.startuplessonslearned.com/

5. Blogs zu User Experience/User-Tests

Lesen Sie in den folgenden Blogs mehr über User Interfaces und User Experience.

▸ **UX Booth**
http://www.uxbooth.com/

▸ **UX Magazine**
http://uxmag.com/

▸ **UX Design Weekly Newsletter**
http://uxdesignweekly.com/

6. Tech-Portale

In den bekannten Tech-Portalen erfahren Sie täglich, was sich in der Welt von Technologie, Augmented und Virtual Reality sowie bei Wearables tut.

- **Techcrunch**
http://techcrunch.com/
- **The Next Web**
http://thenextweb.com/
- **Mashable**
http://mashable.com/
- **Engadget**
http://www.engadget.com/
- **The Verge**
http://www.theverge.com/
- **VentureBeat**
http://venturebeat.com/
- **ReadWriteWeb**
http://readwrite.com/

7. Bonus-Case mit Interview

CASE: MIXED-REALITY-SCHNITZELJAGD

Ziele und Inhalte

Für das Mixed-Reality-Spiel *Gross. Stadt. Jagd.* wurde Zürich im Mai 2015 zum Game Level umfunktioniert. Die Mission der Teilnehmer: Sportlichkeit und Cleverness beweisen und zu Fuß einem Sportwagen entkommen. Als Preis winkte dem letzten Überlebenden der CLA Shooting Brake von Mercedes-Benz. Um teilzunehmen, mussten die Spieler eine App auf ihr Smartphone herunterladen. Eine interaktive Karte der Stadt Zürich zeigte den eigenen Standort und den des Jägers. Daneben gab es Checkpoints, um die Lebensenergie wieder aufzuladen, Safe Houses, in denen man für eine bestimmte Zeit vor dem Jäger sicher war sowie Power-ups, mit denen man entweder den Mitspielern oder dem Jäger das Leben schwermachen konnte. Wer nicht live vor Ort sein konnte, hatte die Möglichkeit via Onlinespiel den Jäger mit Tipps zu unterstützen.

Beim Multiplayer-Game *Gross.Stadt. Jagd.* wird eine ganze Stadt zum Jagdrevier. Quelle: JEFF Communications, Gbanga, Millform

Benefit

- Innovatives Real-Time-Game mit viraler Wirkung
- Tausende von Spielern können gleichzeitig teilnehmen
- Hohe Werbewirksamkeit aufgrund der Neuartigkeit der Umsetzung

Unternehmen

Mercedes-Benz, Schweiz

Umsetzung

JEFF Communications, Gbanga (Millform)

Interview mit den Projektverantwortlichen von Gross. Stadt. Jagd.

Umgesetzt wurde das Multiplayer-Game von der Zürcher Agentur JEFF Communications und Gbanga, einem Zürcher Indie-Game-Produzenten. Was sind die Learnings und welche Ratschläge können die Projektverantwortlichen geben?

Tausende haben am 29. Mai 2015 ihre Smartphones gezückt, um bei der *Gross. Stadt. Jagd.* teilzunehmen. Habt ihr einen solchen Ansturm erwartet?

Philip Eggenberger, JEFF: Das Konzept war ein Teil der Lancierungskampagne des neuen CLA Shooting Brake von Mercedes-Benz. Mindestens 500 Spieler waren das vereinbarte Ziel. Bereits während der Planung waren wir aber davon überzeugt, dass wir mit dieser unkonventionellen Geschichte weit mehr Leute begeistern können, denn die Feedbacks aus den Tests waren hervorragend. Wir hatten wenige Tage nach der Ankündigung des Happenings so viele Anmeldungen, dass wir aus Sicherheitsgründen die Teilnehmerzahl künstlich beschränken mussten. Das haben wir so nicht erwartet.

Wie viele haben die App runtergeladen? Und wie viele haben tatsächlich mitgespielt?

Matthias Sala, Gbanga: Um mitzuspielen, brauchte man die App und musste sich innerhalb des Spielfelds in die App einloggen. Das Spiel startete um 20 Uhr. Dabei sind die Datennetze der Provider kurzfristig an ihre Limits gekommen. Über 3.000 Personen haben vor Ort mitgespielt. Zusätzlich konnte man von zuhause aus an einem Live-Tippspiel teilnehmen.

Wie seid ihr auf die Idee gekommen, für diese Kampagne Mixed Reality einzusetzen?

Eggenberger: Wir sind eine digitalaffine Agentur, die oft und gerne unkonventionelle Ideen kreiert und umsetzt. Für eine Mixed-Reality-Kampagne braucht man das passende Produkt dazu. In einem Brainstorming haben wir die Idee von Grund auf neu entwickelt und den Kunden Mercedes-Benz davon überzeugen können. Der CLA Shooting Brake wurde in der ATL-Kampagne als *Gross. Stadt. Jäger.* kommuniziert. Entsprechend passte eine urbane Jagd sehr gut dazu.

Immer mehr Agenturen nehmen Augmented und Mixed Reality in ihren Werkzeugkasten auf. Woran liegt das eurer Meinung nach?

Sala: Die Konsumenten werden immer anspruchsvoller, bewegen sich fast permanent in der digitalen Welt und nutzen ihre Smartphones unterwegs und zuhause. Eine innovative Kampagne muss also fast zwangsläufig die Zielgruppe mittels Smartphone erreichen. Diese neuen Kanäle eröffnen technisch dann auch komplett neue Möglichkeiten für Marken und Produkte. GPS, Kamera, Bewegungssensor etc. können kreativ und spielerisch eingesetzt werden. Wir stehen beim Thema Augmented Reality noch ganz am Anfang und die Unternehmen beginnen erst zu verstehen, wie man solche Technologien für die eigenen Marken und Produkte nutzen kann.

Wo liegen die Vorteile dieser neuen Technologien?

Eggenberger: Die innovative Verbindung von digitalen Elementen mit der realen Umgebung bietet ein gewisses Faszinationspotenzial bei der Zielgruppe und lässt bisher ungesehene Werbeformen zu. Nicht nur junge Menschen schauen ständig auf ihr Handy, während sie unterwegs sind. Die Verbindung und Verknüpfung der Realität mit digitalen Parallelwelten wird immer stärker, das sollten auch Marken für sich nutzen.

Wie viel Überzeugungskraft braucht es, um ein Unternehmen von einem solchen Projekt zu überzeugen?

Eggenberger: Es kommt auf den Kunden, das Produkt und die Kommunikationsziele an. Es muss einfach passen. Auf der Auftraggeberseite braucht es Menschen, die an neue Technologien und Konzepte glauben und viel Vertrauen in ihre Agentur haben. Dann lassen sie sich auch von Ideen wie zum Beispiel der *Gross. Stadt. Jagd.* überzeugen. Die meisten Unternehmen nutzen noch immer den Großteil des Marketingbudgets für klassische Werbung, was nicht grundsätzlich falsch ist. Damit man aber seine Zielgruppe heutzutage wirkungsvoll erreichen kann, braucht es zusätzlich innovative Werbeformen und -formate. Der richtige Mix aus klassischer Werbung und aufmerksamkeitsstarken Ambient-Maßnahmen machen wohl den Erfolg aus.

Wie profitieren Unternehmen von solchen Umsetzungen?

Eggenberger: Wenn eine Marke auf neuartige Ansätze wie Augmented Reality setzt und diese in eine ansprechende Kampagne verpackt, wird sie viel innovativer wahrgenommen als die Konkurrenz. Die Marke nimmt so eine Vorreiterrolle ein und profitiert kurz- wie auch langfristig davon. Das unterstützt die Bildung und Stärkung eines innovativen Markenimages. Neben Augmented Reality als Technologie braucht es aber – wie überall in der Kommunikation – trotzdem eine gute Idee dazu.

Ihr habt gerade gezeigt, wie eine erfolgreiche Umsetzung aussehen sollte. Was ist dabei generell zu beachten?

Eggenberger: Mercedes-Benz wollte nicht einfach nur eine tolle App haben, sondern die definierte Zielgruppe auf unkonventionellem Weg erreichen und überraschen. Man muss deswegen stets die Ziele vor Augen haben und braucht ein gutes Projekt- und Zeitmanagement. Die Geschichte funktioniert nur, wenn die Zielgruppe davon erfährt und zu begeistern ist. Das Branding sollte eher subtil sein, dafür das Involvement der einzelnen Personen umso größer. So teilen sie ihr Erlebnis dann auch über ihre Kanäle und machen natürliche Mund-zu-Mund-Propaganda. Das ist das Wertvollste.

Sala: Eine agile, iterative Entwicklung ist die Voraussetzung für eine robuste Umsetzung. Das wiederholte Testing der App und die tägliche Justierung der einzelnen Spielkomponenten benötigen sehr viel Zeit. Das Spiel muss Spaß machen, fair für alle sein und sich auch so anfühlen. Es muss zudem auch ein Erlebnis sein, wenn man nicht den ersten Platz erreicht. Man entwickelt parallel die Serverinfrastruktur und die App für verschiedene Plattformen und muss unterschiedlichste Kombinationen testen.

Was sind eure Learnings? Welche Ratschläge könnt ihr weitergeben?

Eggenberger: Man darf den Aufwand nicht unterschätzen. Die Entwicklung und Feinabstimmung einer solchen Marketingkampagne sind sehr komplex. Die Idee muss wirklich gut sein, sonst funktioniert sie nicht und man braucht auch eine gute Kommunikationsstrategie, um das Happening bekannt zu machen.

Sala: Dank der größeren Live-Tests im Vorfeld haben wir rechtzeitig noch viel optimieren können. Diese Tests waren enorm wichtig, schließlich musste auf der Jagd alles reibungslos funktionieren. Man muss aufpassen, dass man nicht irgendwann zu viel möchte. Während des Projekts tauchen immer wieder tolle Ideen für zusätzliche Features auf, die man noch einbauen könnte. Dies kann aber einerseits den User überfordern und andererseits unterschätzt man vielleicht den Aufwand, solche Features dann auch noch seriös testen zu können. Das Timing und die Deadlines sind sehr wichtig, da man die App in den App-Stores auch noch reviewen lassen muss und diese freigegeben werden müssen.

Das Interview führte Nathaly Tschanz.

Die Autoren

Dirk Schart arbeitet als Leiter Unternehmenskommunikation und Marketing bei RE'FLEKT in München und schreibt als Blogger und Autor über digitale Technologien und Kommunikation. Er studierte Kommunikationswissenschaften, Marketing und BWL.

E-Mail: dirk.schart@gmail.com
Twitter: @DirkSchart

Nathaly Tschanz ist bei Axel Springer Schweiz als Leiterin digitale Inhalte (Bereich Investigativ) für den Beobachter tätig. Sie studierte New Media Journalism und verfügt über langjährige Erfahrung in Unternehmenskommunikation, Marketing und Medien.

E-Mail: mail@nathaly-tschanz.ch
Twitter: @n_tschanz

Die Autoren beschäftigen sich bereits seit vielen Jahren mit Augmented Reality und haben auch ihre Masterarbeiten zum Thema verfasst. Ihr fundiertes Expertenwissen geben sie gerne in Interviews, bei Vorträgen und Seminaren weiter oder in beratender Funktion bei der Umsetzung von AR-Projekten.

Register